SHUJUKU YUANLI YU Web YINGYONG

数据库原理
与Web应用

牟综磊　吕橙　任彦龙　编著

中国电力出版社

CHINA ELECTRIC POWER PRESS

内 容 提 要

本书以关系数据库为基础，以数据库的设计与编程为重点，以引进面向对象的数据库技术为特色。本书内容新颖、系统全面；突出重点、注重总结；概念清晰、分析深入；例题丰富、实用性强。

全书从数据库系统基础、关系代数、规范化理论、SQL Server 2008 安全管理、SQL Server 2008 数据库创建和备份、数据库的恢复与传输、SQL Server 2008 T-SQL 数据查询、SQL 高级应用、Web 编程基础、JSP 技术方面结合了实际数据库开发需要和高等教育的特点完成编写。

本书既可作为高等院校计算机专业本科生数据库课程的教材，也可作为其他专业本科生数据库课程的教材，还可作为从事数据库开发和应用的有关技术人员的参考书。

图书在版编目（CIP）数据

数据库原理与 Web 应用/牟综磊，吕橙，任彦龙编著. —北京：中国电力出版社，2020.6
ISBN 978-7-5198-2479-2

Ⅰ. ①数… Ⅱ. ①牟… ②吕… ③任… Ⅲ. ①数据库系统 Ⅳ. ①TP311.13

中国版本图书馆 CIP 数据核字（2018）第 222499 号

出版发行：中国电力出版社
地　　址：北京市东城区北京站西街 19 号（邮政编码 100005）
网　　址：http://www.cepp.sgcc.com.cn
责任编辑：未翠霞（010-63412611）刘　炽
责任校对：王小鹏
装帧设计：张俊霞
责任印制：杨晓东

印　　刷：北京天宇星印刷厂
版　　次：2020 年 6 月第一版
印　　次：2020 年 6 月北京第一次印刷
开　　本：787 毫米×1092 毫米　16 开本
印　　张：15.25
字　　数：405 千字
印　　数：0001—1500 册
定　　价：68.00 元

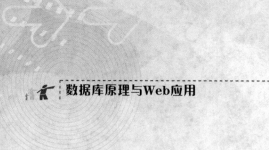

前　言

数据库技术是现代信息技术的重要基础。数据库技术随着计算机技术的发展，以及网络技术的广泛应用，无论是在数据库技术的基础理论、数据库技术应用、数据库系统开发，还是数据库商品软件推广方面，都有着长足的进步。同时数据库技术也是目前 IT 行业中发展最快的领域之一，已经深入应用到各行各业。

本书以满足读者对使用数据库技术的需要，结合了实际数据库开发需要，由浅入深，循序渐进，通俗易懂，力求实用性、可操作性和简单性。

本书采用理论联系实际以应用型技术为主，以指导工程实践为主要目标。

本书条理清晰，采用通俗易懂的语言，结合大量的图片和表格，力求形象生动地塑造出数据的真实模型，并配合大量的实例，以对各章节中讲述的理论知识能落实到 Web 数据库开发的具体应用环境上。

由于编写时间仓促，加之编者水平有限，书中难免出现错误和疏漏之处，恳请广大读者批评指正。

编　者

目　录

第 1 章

数据库系统基础

 本章导读

▶ 掌握概念模型的表示方法。
▶ 掌握陈氏 E-R 模型的基本使用方法。

1.1 概 述

数据库（Database）是按照数据结构来组织、存储和管理数据的仓库，它产生于 20 世纪 60 年代后期，随着信息技术和市场的发展，特别是 20 世纪 90 年代以后，数据管理不仅仅是存储和管理数据，还转变成用户所需要的各种数据管理的方式。数据库有很多种类型，从最简单的存储有各种数据的表格到能够进行海量数据存储的大型数据库系统，在各个方面都得到了广泛的应用。

在信息化社会，充分有效地管理和利用各类信息资源，是进行科学研究和决策管理的前提条件。数据库技术是管理信息系统、办公自动化系统、决策支持系统等各类信息系统的核心部分，是进行科学研究和决策管理的重要技术手段。

数据（Data）、数据库（DB）、数据库管理系统（DBMS）和数据库系统（DBS）是与数据库技术领域密切相关的四个基本概念。

1.1.1 数据及数据处理

数据是数据库中存储的基本对象。这里所描述的数据并不仅限于传统意义上的数字，其表现形式有很多，如文字、图片、图形、图像、音频、视频等，一切现实生活中的客观事物都可以称为数据。因此这里需要给数据库领域中的数据一个广义的定义。

定义 数据是对客观事物特征的一种抽象化、符号化的表示。有数值型数据和非数值型数据之分。

虽然数据有多种表现形式，但是数据库所讨论的数据都是要经过抽象化、符号化后存入计算机的字符表示。数据形式的本身不足以反映其要表达的详细内容，需要经过语义的解释。因此，数据和其语义解释是密不可分的。例如：（李明，男，1972，江苏，计算机系，1990），这一条学生数据。对于这样一条数据，了解其语义就可以知道：该学生叫李明，性别是男，1972 年出生于江苏，1990 年入学就读于计算机系。而不了解其语义，则很难弄清楚它要表达的实际含义，可见数据和语义是不可分离的，语义是记录的"型"，而数据则是记录

的"值"。

随着数据数量的增多，以及人们对数据需求频度或需求方向的不同等等，需要数据"动"起来，可以为人们的决策、总结等提供支持，这样就有了一个新的概念——信息。

定义一：信息是经过加工处理的、对决策有价值的数据。

定义二：信息是各种事物的变化和特征的反映，又是事物之间相互作用和联系的表征。

上面是摘自不同文献对信息的定义，无论哪种定义，信息的本源都是数据。二者的区别在于数据是一切客观事物的反应，而信息则是根据人们的需求，通过加工处理过的对人们有价值、有意义的数据。这种包括收集、存储、排序、计算、查询等方法将数据加工成信息的过程，我们称为数据处理。

数据处理是数据管理的一个基本环节，计算机产生后对数据处理的效率有了飞速的提升，随着其软、硬件迅速发展，数据处理经历了人工管理阶段、文件系统阶段、数据库系统阶段、分布式数据库系统阶段及面向对象数据库系统阶段。见表 1-1。

表 1-1　　　　　　　　　　　　数据处理历经的阶段及每个阶段特点

阶　　段	时　　间	特　　点
人工管理阶段	20 世纪 50 年代中期以前	数据与程序不能分开，数据不能共享
文件系统阶段	20 世纪 50 年代后期至 60 年代中后期	数据与程序分开存储，但互相依赖，数据不能共享
数据库系统阶段	20 世纪 60 年代后期至 70 年代中期	数据与程序分开存储，数据可以共享
分布式数据库系统阶段	20 世纪 70 年代后期至 80 年代	数据与程序分开存储，通过网络集中管理数据，共享网络上数据资源
面向对象数据库系统阶段	20 世纪 80 年代至今	除具有分布式数据管理系统阶段的特点外，在处理方式上是一个面向对象的系统，即是按照人们的习惯表示数据，用严格高效的方法组织、处理数据，把客观事物的表达和处理结合成一个有机整体

1.1.2　数据库

数据库（DataBase，DB）的概念和定义有很多，例如："数据库是一个记录保存系统"，这个定义以记录为基本单位，把数据库视为若干记录的集合；又如："数据库是人们为解决特定任务，以一定组织方式存储在一起的相关的数据的集合"，这个定义更强调数据的组织和数据间的关系；还有甚者称"数据库就是一个存放数据的仓库"，这种说法虽然形象，但是缺乏严谨。

J. Martin 曾给数据库下了一个完整的定义：数据库是存储在一起的相关数据的集合，这些数据是结构化的，无有害的或不必要的冗余，并为多种应用服务；数据的存储独立于使用它的程序；对数据库插入新数据，修改和检索原有数据均能按一种共用的和可控制的方式进行。当某个系统中存在结构上完全分开的若干个数据库时，则该系统包含一个"数据库集合"。

定义　数据库是按一定组织方式存储在计算机上的相互联系的数据的集合。

上述几个关于数据库的定义，反复强调了一个词语——集合，因此数据库的根本可以视为一个集合。

1.1.3　数据库管理系统

有了数据和数据库的概念，接下来亟待解决的就是如何科学高效地组织、存储及操作、维护这些数据，因此需要一个软件工具，这个软件即数据库管理系统（DataBase Management System,

DBMS）。

数据库管理系统是一个通用的管理数据库的软件。数据库管理系统负责数据库的定义、操纵、管理、维护等，能够对数据库进行行之有效的管理。应用程序必须通过数据库管理系统完成对数据的访问。数据库管理系统是操作系统对于数据操作的"特殊用户"，通过它向操作系统申请所需的软硬件资源，并接受操作系统的控制和调度。

1.1.4　数据库系统

数据库系统（DataBase System，DBS）：是完成进行数据处理全过程的计算机系统。数据库系统是为适应数据处理的需要而发展起来的一种较为理想的数据处理系统，也是一个为实际可运行的存储、维护和应用系统提供数据的软件系统，是存储介质、处理对象和管理系统的集合体。

如图 1-1 所示，数据库系统一般由 4 个部分组成：

（1）数据库：是指长期存储在计算机内的，有组织、可共享的数据的集合。数据库中的数据按一定的数学模型组织、描述和存储，具有较小的冗余，较高的数据独立性和易扩展性，并可为各种用户共享。

（2）硬件：构成计算机系统的各种物理设备，包括存储所需的外部设备。硬件的配置应满足整个数据库系统的需要。

（3）软件：包括操作系统、数据库管理系统及应用程序。数据库管理系统是数据库系统的核心软件，是在操作系统的支持下工作，解决如何科学地组织和存储数据，如何高效获取和维护数据的系统软件。其主要功能包括：数据定义功能、数据操纵功能、数据库的运行管理和数据库的建立与维护。

（4）人员：主要有四类。第一类为系统分析员和数据库设计人员：系统分析员负责应用系统的需求分析和规范说明，他们和用户及数据库管理员一起确定系统的硬件配置，并参与数据库系统的概要设计。数据库设计人员负责数据库中数据的确定、数据库各级模式的设计。第二类为应用程序员，负责编写使用数据库的应用程序。这些应用程序可对数据进行检索、建立、删除或修改。第三类为最终用户，他们利用系统的接口或查询语言访问数据库。第四类用户是数据库管理员（DataBase Administrator，DBA），负责数据库的总体信息控制。DBA 的具体职责包括：具体数据库中的信息内容和结构，决定数据库的存储结构和存取策略，定义数据库的安全性要求和完整性约束条件，监控数据库的使用和运行，负责数据库的性能改进、数据库的重组和重构，以提高系统的性能。

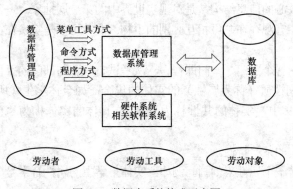

图 1-1　数据库系统构成示意图

1.2　信息的三个世界

当我们把客观存在的事物以数据的形式存储到计算机中，实际上是经历了对现实生活中事物特性的认识、概念化到计算机数据库里的具体表示的逐级抽象过程，即现实世界—信息世界—机器世界三个领域，如图 1-2 所示。有时也将信息世界称为概念世界；将机器世界称为存储或数据世界，或计算机世界。

图 1-2　信息三个世界关系图

1.2.1　现实世界

信息的现实世界是指我们要管理的客观存在的各种事物、事物之间的相互联系及事物的发生、变化过程，现实世界有个体和总体等概念。为了用数据库系统解决现实世界中的问题，必须先深入实际，把要解决的问题调查清楚，分析与问题有关的事物及其联系。

个体：一个客观存在的可识别事物，如一本具体的书、一名公司员工等。个体也可以是抽象的，如某个城市的天气等。

个体特征：每个个体都有一些区别于其他个体的特征。例如：一本书的特征可以有书名、作者、价格、出版社、页数等。

同类个体：具有相同特征要求的个体属于同类个体。例如：一个书架上的几本书，公司内部的不同员工等。是否属于同类个体取决于我们研究的分类或侧面。

总体：所有同类个体的集合。例如：所有的"书"就是一个总体。

1.2.2　信息世界

信息世界是指现实世界在人们头脑中的反映。数据库设计者必须对用户提供的原始数据进行综合，抽象出所需要的数据，将现实世界中的事物及其联系，转换成信息世界中的实体及其联系。实体及其相互之间的联系用概念模型描述，概念模型是一种独立于计算机系统的数学模型，它是按用户的观点组织所关心的信息结构，是对现实世界中的第一层抽象。

实体：现实世界中客观存在并可相互区别的事物。实体可以是实实在在的物体，也可以是抽象的概念或联系。

例如，一个学生、一个部门、一门课程、一次考试、职工与部门的工作关系等都是实体。

实体集：具有相同性质（称为属性）的实体的集合。如全体学生（所有学生的集合）就是一个实体集。在实体集中，实体的共性称为"型"，具体的实体称为"值"。通常实体集简称为实体。

属性：实体所具有的某一特性。

一个实体可以由若干个属性来刻画。例如：实体集学生的属性有学号、姓名、性别、年龄等属性。

一个具体的实体的一个属性由（属性名，属性值）组成，例如：李红的"性别"（属性）

为"女"（属性值）。

属性的域：每个属性有其所允许的值的集合（范围），称为该属性的域或值集。

例如：属性年龄的域为 0～150 的整数；性别的域为{男，女}。

码（关键字）：唯一标识实体集中的一个实体，又不包含多余属性的属性集。

例如：实体集学生的标识属性为"学号"。

联系：在现实世界中，事物的内部以及事物之间是有联系的。

这些联系在信息世界中反映为实体内部的联系和实体之间的联系。实体内部的联系通常是指组成实体的各属性之间的联系。实体之间的联系通常是指不同实体集之间的联系。

1.2.3 计算机世界

计算机世界是指信息世界中的信息在计算机中的数据存储，信息世界中的实体及其联系将被转换成数据世界中的数据及其联系，这种联系是用数据模型表示的。

数据模型是基于计算机系统和数据库系统的数学模型，它直接面向的是数据库的逻辑结构，它是对现实世界的第二层抽象。

字段（或数据项）：描述实体属性的数据表示。可以是数字或者字符串。

记录：记录是实体的数据表示，由若干个属性值组成。

文件：同类记录的集合。文件包括记录的结构和记录的值。

数据模型：实体的联系在计算机世界里要按照一定的模式去表示，即采用不同的数据模型。

1.3 概 念 模 型

概念模型是对现实世界的抽象和概括。它应真实、充分地反映现实世界中事物和事物之间的关系，有丰富的语义表达能力，能表达用户的各种需求，包括描述现实世界中各种事物极其复杂联系、用户对数据对象的处理要求和手段。

1. 概念模型的表示方法

实体-联系模型（Entity-Relationship Model，简称 E-R 模型）是一种概念模型，1976 年，Peter Chen 在他具有里程碑意义的论文"The Entity-Relationship Model: Toward a Unified View of Data"（ACM Transaction on Database 1:1，march 1976）中首次引入了 E-R 数据模型。E-R 模型在一个数据库结构中为实体和它们之间的联系生成了一个图形表示法。

2. E-R 模型的表示方法

（1）实体。陈氏模型和鸭掌模型中都采用矩形来表示实体，并在长方形中写上实体名。例如：学生实体，如图 1-3 所示。

（2）属性。陈氏模型用椭圆表示，并用无向边将其相应的实体型连接起来，在多个属性中，如果有一个（组）属性可以唯一表示该实体，则可以在该属性下边画出下划线，用来标识该属性，即主码（Primary Key，简称 PK）。例如：学生实体中有学号、姓名、性别、出生日期、院系名称属性，其中学号为主码。课程实体有课程号、课程名、学分、学时属性，其中课程号为主码，如图 1-4 所示。

图 1-3 实体

（3）实体间的联系。陈氏模型用菱形表示实体间的联系，在菱形中写上联系名并用无向边分别与有关实体型连接起来，在无向边旁标上联系的关联度（1:1, 1:n, m:n）。若实体之间的联系也有属性，则把属性和菱形也用无向边连接上。示例如图 1-5 所示。

5

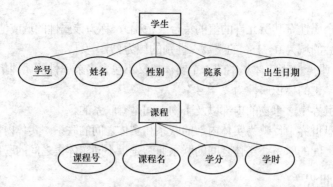

图 1-4　陈氏模型的学生、课程实体及属性

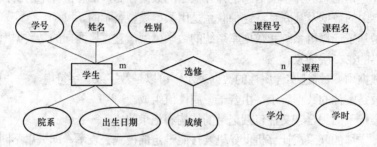

图 1-5　陈氏模型表示的学生、课程实体之间的联系

3. 几点说明

（1）某些联系也具有属性，例如：学生实体和课程实体之间的联系"选修"也可以有属性，即属性"成绩"，它既非学生所独有，也非课程所独有，是某一学生选课某门课程后产生的属性，是一个多对多的联系的属性。

（2）有时三个或三个以上的实体也可以产生联系，例如：供应商、项目和零件三个实体间是 $m:n:p$ 联系，即多对多的联系，其陈氏 E-R 图示例如图 1-6 所示。

（3）E-R 图可以表示一个实体内部一部分成员和另一部分成员间的联系。例如：在一个班级中，班长和一般学生都是学生，但班干部和一般学生间存在一对多的联系，即一个班干部可以管理多个学生，但一个学生只能由一个班长管理。如图 1-7 所示这类联系称为自回路。

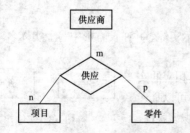

图 1-6　三个实体间的陈氏 E-R 模型

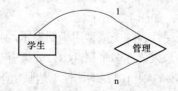

图 1-7　自回路的陈氏 E-R 模型表示方法

（4）E-R 图可以表示二个实体间多类联系。例如：在职工与工程的关系中，一个职工可以参与多个工程，一个工程可以有多个职工参加，所以职工与工程的"参与"联系是多对多的联系；一个职工可以负责多个工程，一个工程只能由一个职工负责，所以职工与工程的"负责"联系是一对多的联系。这样职工与工程存在两种联系，可以用图 1-8 所示。

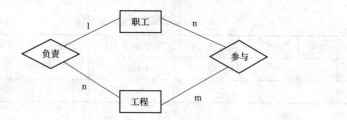

图 1-8　表示两实体间的多种联系的陈氏 E-R 模型表示方法

4. 复合和简单属性

属性可以分为简单属性和复合属性。简单属性是指不能再进一步划分的属性。例如：年龄、性别和婚姻状况等都可以归为简单属性；而复合属性是指可以划分出额外属性的属性。例如：地址属性则属于复合属性，见表 1-2。复合属性通常采用两个同心椭圆与实体相连，如图 1-9 所示。

表 1-2　　　　　　　　　　　　　　　　复合/简单属性和单值/多值属性

学号	姓名	…	联系电话	家庭住址				
				省份	城市	区/县	街道	邮编
2003130046	王子	…	024-82428175（H） 024-82428259（O）	辽宁	沈阳	沈河	文化路	110015
…	…	…	…	…	…	…	…	…

图 1-9　复合/简单属性和单值/多值属性

5. 单值属性和多值属性

单值属性是指只有一个取值的属性。例如：一个学生只能有一个学号，一个生产的零件只能有一个序列号。注意，单值属性并非必须是简单属性。例如：零件的序列号 SE-08-189935 是单值的，但是它却是一个复合属性，因为可以将其划分为生产地区 SE，该地区的工厂 08，该工厂的班次号 02 和零件的编号 189935。

多值属性值的实可以有多个取值的属性。例如：一个学生可以有多个联系电话，每个电话都有单独的号码。多值属性通常用两根线与实体相连，见表 1-2，如图 1-9 所示。

6. 复合属性和多值属性的处理

虽然概念模型可以处理复合属性和多值属性，但不可能在 DBMS 中将其实现。因为在关系数据模型中，关系必须是规范化的（规范化理论将在第 4 章中讲述），必须满足一定的规范条件。最基本的规范条件是关系（即二维表）的每一个分量必须是一个不可分的数据项。也就是说，在关系数据库的二维表中不能存在复合属性和多值属性，因此，不能出现表中有表的情况。

如果出现上述情况，数据库设计人员可以采用下述两种方法：

（1）简单拆分法。在原实体中在创建几个新的属性，每个多值属性或复合对应原来的属性的一个组成部分。示例见表 1-3，如图 1-10 所示。

表 1-3 复合和多值属性的简单拆分法

学号	姓名	…	联系电话（H）	联系电话（O）	省份	城市	区/县	街道	邮编
2003130046	王子	…	024-82428175	024-82428259	辽宁	沈阳	沈河	文化路	110015
…	…	…	…	…	…	…	…	…	

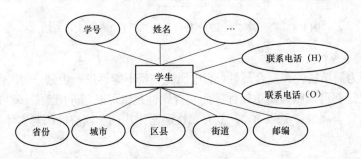

图 1-10　复合和多值属性的简单拆分法

　　很显然，这种简单拆分有时并不能使数据库设计人员满意，因为它明显地丢失"联系电话"和"家庭地址"信息。

　　（2）外码法。创建一个新的实体使其包含元复合属性或多值属性部分，新的实体和原来实体之间存在着一对多的联系。

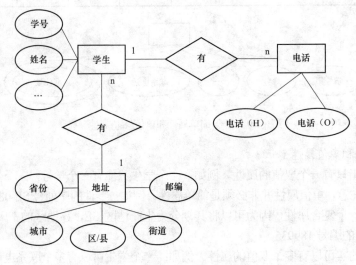

图 1-11　复合和多值属性的外码法

　　7. 导出属性

　　导出属性是指不必在数据库中存储的，而是可以通过一个计算方法导出。例如：学生的年龄，可由计算机当前日期和学生出生日期的差值的整数部分得出。

　　8. 联系的关联度、势和参与性

　　关联度：表示相关或者参与实体的数量。一元联系是指自回路的联系。二元联系存在于两个实体之间。三元关系存在于三个实体之间。

　　"势"表达了当一个实体的关联实体出现一次时自身出现的特定的次数。格式为（min，max），第一个为最小值，第二为最大值。0≤min≤max，且 max≥1，不确定的最大值表示为（1，n）。

如果 min=0，则意味着实体集中的实体不一定每个参与联系，即为可选的，称之为部分参与，实体之间的可选联系的表示方法是：在可选实体旁边加上一个圆环（○）；如果 min≥1，则意味着实体集中的每个实体都必须参与联系，即为强制的，否则就不能作为一个成员在实体集中存在，称之为全参与。

如果知道了实体出现的次数的最小值和最大值，对应用软件的设计是非常有用的。例如：在"选修"联系中，对于课程而言，如果按规定每位学生最少应选三门课，最多只能选六门课，则学生在选课联系中的势可表示为（3，6）；对于课程而言，课程是可选的（用小圆圈表示可选，见图1-12）。也就是说，在各门课中，有些课可以无人选，但任何一门课程最多只允许100人选，则课程在选课联系中的势为（0，100）。

然而一定要记住，DBMS 不能在二维表这个层次来实现势，只能由应用程序或者触发器来提供，在第 3 章"结构化查询语言（SQL）"中将详细学习如何创建和执行触发器。

观察图 1-12 中的陈氏 E-R 模型，记住实体的势表示相关联的实体出现的次数。

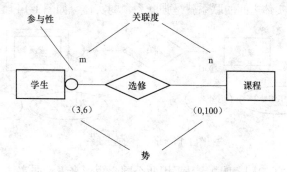

图 1-12　联系的关联度、势和参与性示意图

9. 联系的强度和弱实体

（1）存在独立与存在依赖。如果一个实体的存在，依赖于一个或更多的实体，这种依赖关系就称之为存在依赖。例如：小王是某公司员工，如果小王辞职后，原公司组织去海南岛旅游，则小王的太太就不能再陪同旅游了，这种职工实体和家属实体之间的联系就是存在依赖。相反，如果一个实体可以脱离其他一个或多个实体而存在，这种依赖关系就称之为存在独立。例如：学生实体和课程实体之间的联系就是独立存在；零件和供应商的联系就是存在独立，因为零件很可能是与供应商无关的；有些零件不是供应商提供的，而是公司内部生产的，因此零件是存在独立于供应商的。

（2）弱联系和强实体。如果一个实体独立存在于另外的实体，它们之间的联系就用"弱联系"描述，或者称为非标识联系，这种"弱联系"的实体称为强实体。

从数据库设计的角度来看，如果存在一个弱联系，相关实体的主码不包含父实体主码的组成部分。例如：在球队和球员的签约关系中，签约是弱联系，如图 1-13 所示。球队编号在球队实体中是主码，而在球员实体中只是外码，此时球员实体的主码中不包含球队主码中的组成部分，见表1-4。

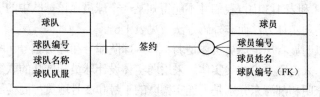

图 1-13　强实体的弱联系

表1-4　　　　　　　　　　　　　　　**强实体对应的数据库二维表**

球队编号	球队名称	队服颜色	球员编号	球员姓名	球队编号
1	大连足球队	蓝	1	李某	1
2	北京足球队	绿	2	郝某	1
…	…	…	3	杨某	2
			4	邵某	2

（3）强联系和弱实体。如果一个实体的存在，依赖于一个或更多的实体，它们之间的联系就用"强联系"描述，或者称为可标识联系，这种"强联系"的实体称为弱实体。

一个弱实体必须满足两个条件：第一个是它必须是存在依赖，即如果与它关联的实体不存在的话，它就不存在。在面向对象设计中将其称之为"组合"。第二个是它的主码属性全部或部分来自联系中的父实体。

例如，职工和家属实体之间的联系就是强联系、弱实体。如图 1-14 所示。

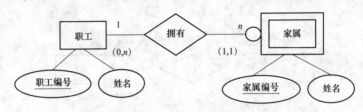

图 1-14　弱实体的强联系

应当指出的在扩展的陈氏模型中，是采用两个同心矩形来表示弱实体，在属性上并不能反映出弱实体的第二个条件，这种反映只在逻辑层面（关系模式或数据库中的二维表）上反映出来，见表 1-5。

表1-5　　　　　　　　　　　　　　　**弱强实体对应的数据库二维表**

职工编号	职工姓名	职工编号	家属编号	家属姓名
1	张力	1	1	严鸣（配偶）
2	李强	1	2	张大力（大儿子）
…	…	1	3	张小力（二儿子）
		2	1	王芝（配偶）
		2	2	李小强（儿子）
		…	…	…

（4）弱实体与强实体之间的关系。事实上，判断实体之间联系的强弱是相对而言的，关键在于设计人员的需要。

例如，在图 1-13 和表 1-3 中，我们并不能得知某一个球员在该球队中的所在编号。如果将其定义为弱实体，采用弱实体方法而非外码方法，见表 1-6。

从球员表中可以明显看出，球员实体是弱实体，球队编号和球员编号作联合主码，其主码属性部分（球队编号）来自联系中的父实体。采用弱实体设计球员和球队的联系，很明显可以从球员表中看出，球员李明和郝海东分别是大连实德队的 1 号和 2 号球员；而杨晨和邵佳一则分别是北京国安队的 1 号球员和 2 号球员。

表 1-6　　　　　　　　　　　　弱实体对应的数据库二维表

球队表

球队编号	球队名称	队服颜色
1	大连足球队	蓝
2	北京足球队	绿
…	…	…

球员表

球队编号	球员编号	球员姓名
1	1	李某
1	2	郝某
2	1	杨某
2	2	邵某

10. 复合实体

在陈氏描述的最初的 E-R 模型中，联系不包含属性。因为只有实体才能转换成关系数据模式，而联系则不能。所以，联系模式需要用到 m:n 联系时，我们必须创建一个"桥连实体"来表示这样的联系，桥连实体包含每个相连实体的主码。我们称这种侨联实体为复合实体。例如，前面讲到的学生、课程之间的多对多的联系，在扩展的陈氏模型中表示如图 1-15 所示。

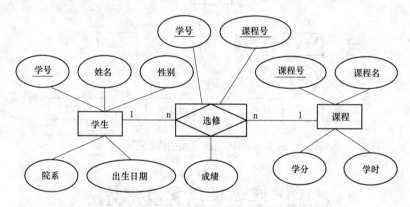

图 1-15　陈氏模型中的复合实体

11. 实体之间的泛化

考虑这样一张高校教工奖金分配信息表，见表 1-7。

表 1-7　　　　　　　　　　　　高校教工奖金分配信息表

编号	姓名	岗位1	岗位2	课酬级别（¥/学时）	课程学时数	讲授班级级系数	岗位津贴（¥/月）
1	王星	教授	null	10	100	1.1	null
2	李刚	讲师	null	5	120	1	null
3	赵亮	null	处长	null	null	null	1200
4	孙晨	null	科员	null	null	null	600
5	周涛	教授	处长	10	50	1.1	1200
…	…	…	…	…	…	…	…

高校教职工包括教师和职工两类。对于教师来说，他们的一些属性，如，每学时课酬级别、课程学时数、教学班的班级数，以及导出属性：工作量属性和课酬金额等属性，对于职工来说没有必要。如果将教师实体和职工实体放在一起的话，将会出现大量的 null 值。很明显，教师和员工都具

有一些共有的属性特征，如：编号、姓名等；另一方面教师和职工都具有自身大量非公有属性特征。当试图将所有这些教职员工放在一张表格时，这些非公有属性就带来了上述问题。如果分成两张表格时，公有属性又带来数据的冗余。例如，一名教工既是教师，又是管理者，因为系主任可能也教课。

当实体 A 具有实体 B 的全部属性，而且具有自己特有的某些属性，则 A 称为 B 的子类，B 称为 A 的超类。

通常数据库设计人员可以通过抽象层次可以表示共享公有属性特征的实体，即实体超类和实体子类。针对上面的数据库表，可以抽象出员工实体超类、教师实体子类和职工实体子类，其中员工实体超类具有编号、姓名属性，教师实体子类具有岗位 1、每学时课酬级别、课程学时数、讲授班级系数属性，员工实体子类具有岗位津贴属性。

抽象层次实际上代表了一个 is-a 联系，例如，教授是一名员工，职工是一名员工。一些超类型包含相交的子类型，相交联系用 Gs 表示。例如，一名教师既可以是教师又可以是一名学生（在职研究生）；而超类不相交的子类型之间的相交关系用 G 表示。如图 1-16 所示。

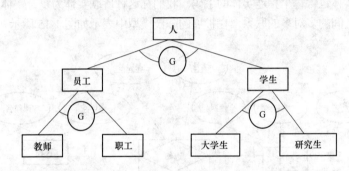

图 1-16　具有相交子类的抽象层次

1.4　概念模型案例分析

[案例 1]　假如你是数据库设计人员，为某球队设计数据库系统，该系统记录球队、队员和球迷的信息，包括：

a）对于每个球队，球队的名字、队员以及队服的颜色。

b）对于每个队员，他们的姓名。

c）对于每个球迷，他们的姓名、喜爱的球队（对于铁杆球迷来说，他们只喜爱一支球队）以及喜爱的队员。

现在请你绘制出概念模型（用陈氏 E-R 模型表示），并写出相应的关系数据库模式。

案例分析：

第一步，确定实体。本案例中共有三个实体，分别是球员、球队和球迷。

第二步，确定实体的联系，创建业务规则，并绘制初始的陈氏 E-R 模型。

球队实体与球员实体之间有一对多的联系，球队实体与球迷实体之间有一对多的联系，球员实体与球迷实体之间有多对多的联系。

业务规则：

a）一个球队拥有多名球员，一个球员在一个赛季里只属于一支球队。

b）一个球队拥有多名球迷，一个球迷只支持一支球队。

c）一个球员拥有多名喜爱他的球迷，一个球迷钟爱多名球员。

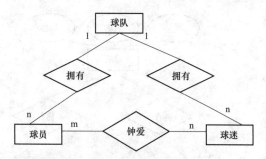

第三步，为每个实体确定属性和主码，绘制完整的概念模型。

本案例中球队的属性是球队名称、队服颜色；球员的属性是姓名；球迷的属性是姓名。三个实体需要分别添加球队编号、球员编号和球迷编号，并分别作为实体的主码，用来唯一标识该实体。

值得注意的是，球迷的属性中并不包含球员的姓名和球队的名称，因为这两个属性本身所包含的信息是球迷实体和球队实体的信息。

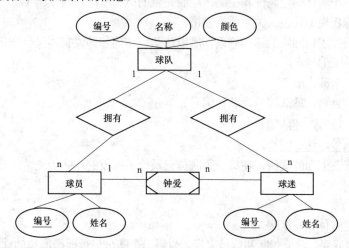

第四步，将陈氏模型转换为关系数据模型。

根据转换原则，一对多的联系，在原多方实体（球员实体和球迷实体）对应的关系中，添加一方实体（球队实体）的标识属性，作为多方实体对应关系的外码。对于多对多的联系，对于多对多的联系，将多对多的联系改为复合实体，实体名为新的实体名（钟爱），复合实体的属性加上相关两个实体的标识属性构成复合实体的属性集，相关两个实体的标识属性的集合构成桥连实体的联合主码"钟爱（<u>球队编号</u>，<u>球迷编号</u>）"。

球队（<u>编号</u>，名称，颜色）

球员（<u>编号</u>，姓名，球队编号）

球迷（<u>编号</u>，姓名，球队编号）

钟爱（<u>球队编号</u>，<u>球迷编号</u>）

本案例到此就结束了，后续的任务是在 SQL Server 中创建数据库，注意：每一个关系对应一张数据库中的表。

[**案例 2**]　修改案例 1，对于每个球队，使球员中有队长。

案例分析：

第一步，确定实体。同案例 1。

第二步，确定联系。对于球员来说，使其中间有队长，很显然，这是自回路的递归联系。在原模型的球员实体中添加一个自回路的一对多联系。

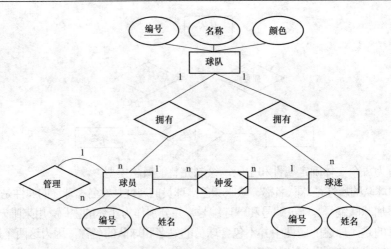

第三步，为每个实体确定属性和主码，绘制完整的概念模型。同案例 1。

第四步，将陈氏模型转换为关系数据模型。

由于本案例增加了自回路的递归联系，所以球队、球迷和钟爱实体没有变化，而在球员实体中，增加外码：队长编号。

球队（编号，名称，颜色）

球员（编号，姓名，球队编号，队长编号）

球迷（编号，姓名，球队编号）

钟爱（球队编号，球迷编号）

[案例 3] 修改上面的案例，使每一个队员记录他所服役的球队历史，包括在每个球队的开始时间和转会时间。

案例分析：

第一步，确定实体。同案例 1。

第二步，确定联系。对于球队和球员来说，为每一个队员记录他所服役的球队历史，很显然，球队和球员之间的联系不再是原来的一对多，而是多对多。因为每个球员在不同时间段内可以效力多支球队。

第三步，为每个实体确定属性和主码，绘制完整的概念模型。

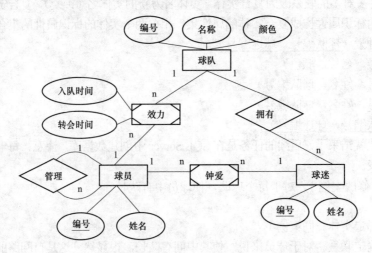

第四步，将陈氏模型转换为关系数据模型。

由于本案例需要记录为每一个队员记录所服役的球队历史，所以，球员和球队的联系的关联度也发生了变化，由原来的一对多变为多对多，也就是说，原来的拥有关系转换成复合实体，并在新的复合实体中，增加了球员服役历史的信息：入队时间属性和转会时间属性，对应的关系转换也发生了改变。

球队（<u>编号</u>，名称，颜色）

效力（<u>球队编号</u>，<u>球员编号</u>，入队时间，转会时间）

球员（<u>编号</u>，姓名，队长编号）

球迷（<u>编号</u>，姓名，球队编号）

钟爱（<u>球队编号</u>，<u>球迷编号</u>）

[案例4] 为银行设计一个数据库，包括顾客和账户的信息。顾客信息包括姓名，地址，电话，社会保险号。账户包括编号，类型（例如存款，支票）和金额。画出概念模型（陈氏 E-R 模型），并写出相应的关系数据库模式。

案例分析：

第一步，确定实体。本案例共有 2 个实体，一个是顾客，一个是账户。

第二步，确定实体的联系，创建业务规则，并绘制初始的陈氏 E-R 模型。

顾客实体和账户实体之间是一对多的联系。

业务规则：

一个顾客可以创建多个账户，而每个账户只对应一个顾客。

初始的陈氏 E-R 模型如下所示。

第三步，为每个实体确定属性和主码，绘制完整的概念模型。

顾客实体应包含的属性有：社会保险号，姓名，地址、电话；而账户实体应包含的属性有：编号，类型，金额。如下所示。

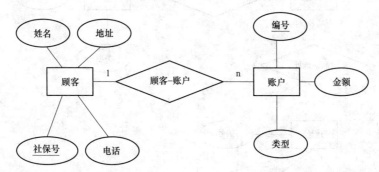

第四步，将陈氏模型转换为关系数据模型。

根据转换原则，一对多的联系，在原多方实体（账户）对应的关系中，添加一方实体（顾客）的标识属性（社保号），作为多方实体对应关系的外码。

顾客（<u>社保号</u>，姓名，地址，电话）

账户（<u>编号</u>，类型，金额，社保号）

[案例5] 修改案例 4。使一个顾客只能有一个账号，并且顾客可以有一个地址集合（街道，城市，省份的三元组）。请你绘制画出概念模型（用陈氏 E-R 模型表示），并写出相应的关系数据

库模式。

[案例分析]

第一步，确定实体。本案例共有 3 个实体，一个是顾客，一个是账户，还有一个地址集合。

第二步，确定实体的联系，创建业务规则，并绘制初始的陈氏 E-R 模型。

顾客实体和账户实体之间是一对一的联系，地址实体和顾客实体是一对多的联系。

业务规则：

a）一个顾客只能创建一个账户，而每个账户只对应一个顾客。

b）一个地址对应多个顾客，而一个顾客只能有一个地址。

初始的陈氏 E-R 模型如下所示。

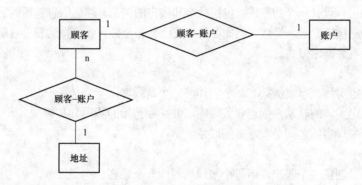

第三步，为每个实体确定属性和主码，绘制完整的概念模型。

本案例中，顾客实体应包含的属性有：社会保险号，姓名，电话；账户实体应包含的属性有：编号，类型，金额；地址实体的属性有：街道，城市，省份。如下所示。

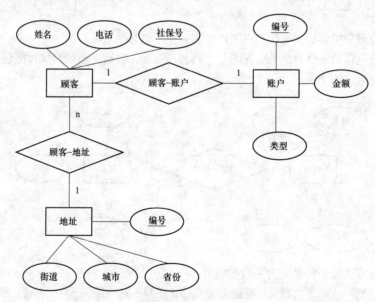

第四步，将陈氏模型转换为关系数据模型。

由于本案例中顾客和账户的联系是一对一。那么，可将原两实体合并在一起，用一个关系表示，顾客账户（社保号，编号，姓名，电话，类型，金额）。关系的属性由两个实体属性组合而成，如有的属性名相同，则应加以区分，顾客账户关系的主码可以是原顾客实体的主码：社保号；或账户实体的主码：编号，也可以由两个实体的标识属性组合而成，即（社保号，编号）作为主码。

顾客实体和地址实体之间是一对多的联系，则将一方的主码：地址编号放到顾客实体中作为外码。相应的数据库关系模式如下：

顾客账户（<u>社保号</u>，<u>账户编号</u>，姓名，电话，类型，金额，地址编号）

地址（<u>地址编号</u>，街道，城市，省份）

［**案例 6**］ 保存一个家谱，应该有一个实体：Person，每个人记录的信息包括姓名和联系（母亲，父亲，孩子）。请绘制概念模型（用陈氏 E-R 模型表示），并写出相应的关系数据库模式。

案例分析：

第一步，确定实体。初始分析，本案例共有 4 个实体，Person 实体、母亲实体、父亲实体和孩子实体，分别记录实体人以及他们的父亲、母亲和子女的信息。

第二步，确定实体的联系，创建业务规则，并绘制初始的陈氏 E-R 模型。

Person 实体和其他实体之间分别是一对多的联系。

业务规则：

a）一个 Person 有多个子女，子女们都属于该 Person。

b）一个父亲有多个子女，每个子女只有一个父亲。

c）一个母亲有多个子女，每个子女只有一个母亲。

初始的陈氏 E-R 模型如下所示。

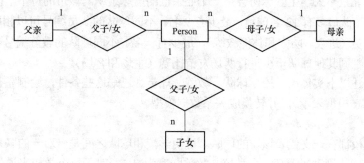

进一步分析，由于父、母和子女也同样均属 Person，所以都可以泛化成 Person。这样，原来的一对多的关系，就转化成自回路的递归联系。

第三步，为每个实体确定属性和主码，绘制完整的概念模型。

Person 的属性有：身份证号和姓名，完整的概念模型如下所示。

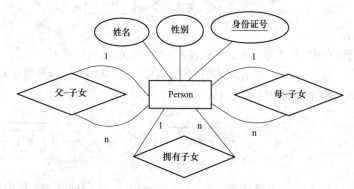

第四步，将陈氏模型转换为关系数据模型。

Person（<u>身份证号码</u>，姓名，母亲，父亲）

［案例 7］ 修改上述案例，以便包含下列信息：男人、女人和做父母的人。

［案例分析］

若想区分 Person 实体是男人还是女人，只需增加一个属性性别即可。若想区分该实体是否是做父母的人，再需增加一个属性子女数即可。

本案例的概念模型（陈氏 E-R 模型）如下所示。

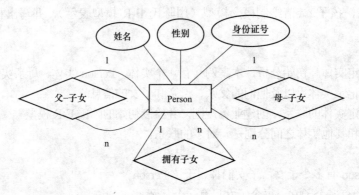

对应的关系数据库模式：

Person（身份证号，姓名，性别，子女数，父亲，母亲）

［案例 8］ 北京市大学生篮球协会是一个业余性的篮球组织。该市的每个学校都有一支代表该校的球队。每个队最多有 12 名球员，最少有 9 名。不同球队的队员编号可以相同。每个运动队最多有三个教练员（进攻、防守和体能教练），最少有一名。不同球队的教练编号可以相同。一个运动队每个赛季都同其他球队至少进行两场友谊比赛（主场和客场）。

协会需要描述以下实体：学校、球队、教练、球员。已知这些条件，绘制完整的扩展的概念模型（用陈氏 E-R 模型表示），并转换成关系数据模型。

案例分析：

（1）每个学校都有一支代表该校的球队。说明学校和球队之间是一对一的联系。一个学校拥有一支球队，该球队只隶属于某一个学校，故关联度为 1:1。对于每个学校来说，球队至少有一支，最多也只有一支，所以势为（1，1）。对于球队来说，它至少要隶属一所学校，最多也只能代表一所学校，所以势为（1，1）。

（2）每个队最多有 12 名球员，至少有 9 名。不同球队的队员编号可以相同。说明球员实体是球队实体的弱实体，球员实体的主码部分来自其父实体。（球队编号，球员编号）作为球员实体的联合主码。此外球队和球员的势分别为（9，12）和（1，1）。

（3）每个运动队最多有三个教练员，最少有一个教练。不同球队的教练编号可以相同。说明球队和教练之间是一对多的联系，教练实体是弱实体，球队和教练的势分别是（1，3）和（1，1）。

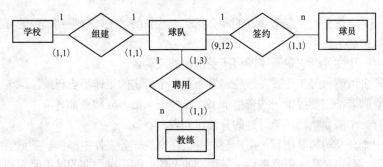

（4）一个运动队每个赛季都同其他球队至少进行两场友谊比赛（主场和客场）。说明球队和球队之间的联系是多对多，关联度为 m:n。同时，联系是自回路的递归的多对多联系，并将其转换成复合实体，联系的势是（2，n）。

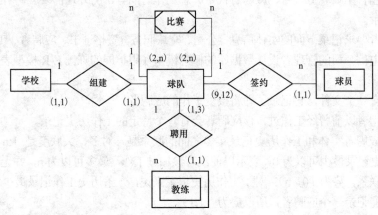

形成最终的概念模型（扩展的陈氏 E-R 模型）为：

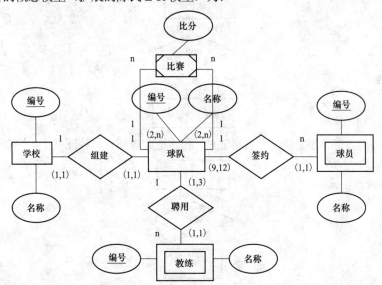

相对应的数据库关系模式如下：

学校（<u>学校编号</u>、学校名称、球队编号、球队名称）

球员（<u>球队编号</u>、<u>球员编号</u>、球员姓名）

教练（<u>球队编号</u>、<u>教练编号</u>、教练姓名）

比赛（<u>球队编号</u>、<u>球队编号</u>、本场比分）

[**案例 9**] 某电信公司在春节高峰期间会招聘一些新的员工，分配到其他的分公司中。公司管理者对公司描述如下：

（1）公司有一个文件，它记录了即将接受工作的应聘者。

（2）若应聘者以前曾经工作过，该应聘者会有一个特定的工作历史记录。

（3）每个应聘者都需要提供一些资格证书，一种证书很多应聘者都有。

（4）公司有一个需要招聘员工计划的分公司列表。

（5）每当一个分公司需要招聘员工，公司就会在空缺职务文件中添加一条记录，该文件中包含空缺职务代号、公司名称、所需资格、试用期的开始时间、试用期的结束时间和小时待遇。

（6）每个空缺职务只需要一个专业或主要的资格。

（7）当一位应聘者满足条件时，他就会得到这项工作，并且在工作安排记录文件中生成一条记录。该文件包含空缺职务代号、应聘者代号、总工作时间等，另外还需要应聘者工作历史记录中生成一条记录。

公司管理者要求记录下面的实体信息：公司、空缺职务、资格证书、应聘者、工作历史记录。现在请你为某电信公司的管理者设计数据库的概念模型（用扩展的陈氏 E-R 模型表示）。

案例分析：

（1）公司有一个文件，它记录了即将接受工作的应聘者。

（2）若应聘者以前曾经工作过，该应聘者会有一个特定的工作历史记录。

这说明，应聘者实体和工作历史记录实体之间的联系是一对多，关联度是 1:n。对于应聘者来说，工作历史记录最少可以为 0，表示以前没有参加过工作，最多可以为 n，并无上限。所以参与性为可选择联系，势为（0，n）；对于工作历史记录来说，一条历史工作记录最少对应一个应聘者，最多也只能记录一个应聘者，所以势为（1:1）。

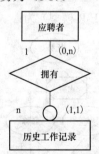

（3）每个应聘者都需要提供一些资格证书，很多应聘者都有一种证书。

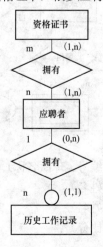

这说明，资格证书和应聘者之间的联系是多对多联系，关联度是 1:n，对于应聘者来说，需要提供一些资格证书，最少提供一本证书，最多需要提供 n 本证书，对于资格证书来说，一种资格证书很多应聘者都有，最少一个人有，最多 n 个人有。所以势为（1，n）和（1，n）。

（4）公司有一个需要招聘员工计划的分公司列表。

（5）每当一个分公司需要招聘员工，公司就会在空缺职务文件中添加一条记录，该文件中包含空缺职务代号、公司名称、所需资格、试用期的开始时间、试用期的结束时间和小时待遇。

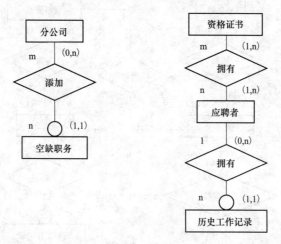

这说明，有一个记录分公司招聘员工计划的信息列表。其中，记录分公司信息的分公司实体与记录空缺职务信息的空缺职务实体之间是多对多的联系。即一个分公司可以有多个空缺职务，一个空缺职务只对应一个分公司。

对于分公司来说，空缺职务是可选的，也就是说，分公司不需要人，暂时没有空缺职务，最少可以为 0，最多可以为 n；对于空缺职务而言，一个空缺职务对应至少一个分公司，最多也只能对应一个分公司。所以势分别是（0，n）和（1，1）。

（6）每个空缺职务只需要一个专业或主要的资格。

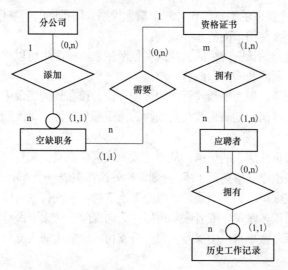

这说明空缺职务实体和资格证书实体之间是一对多的联系，一个空缺职务只需要一个专业或主要的资格，而应聘者的一个专业或主要的资格可以竞聘多个空缺职务。

对于空缺职务来说，至少需要一个专业或主要的资格证书，最多也只需要一个；对于资格证書來說，應聘者用一本資格證書最少可能競聘到 0 個空缺職務，即沒有適合他的空缺崗位或沒有競聘上任何崗位，而最多可以應聘 n 個空缺職務。所以勢分別是（1，1）和（0，n）。

（7）當一位應聘者滿足條件時，他就會得到這項工作，並且在工作安排記錄文件中生成一條記錄。該文件包含空缺職務代號、應聘者代號、總工作時間等，另外還需要應聘者工作歷史記錄中生成一條記錄。

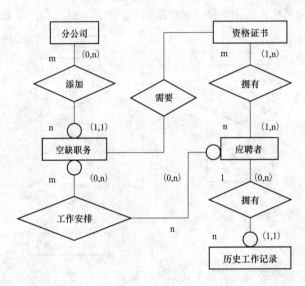

這說明應聘者實體和空缺職務實體之間是多對多聯繫。即一個應聘者可以多次安排工作，而一個空缺職務也可以多次招聘應聘者。

對於空缺職務來說，不同時間段裏可以更換多個應聘者，最少為 0，最多為 n；對於應聘者來說，不同時間段裏可以多次競聘空缺職務，最少為 0，最多為 n。所以勢分別為（0，n）和（0，n）。

經過上面的分析後，應該添加屬性，繪製完整的陳氏 E-R 模型，最後根據轉換原則，將陳氏 E-R 模型轉換成數據庫關係模式。這裏略，請讀者自己完成。

[案例 10]　為一個醫院的數據庫設計一個概念模型（用擴展的鴨掌模型表示），並將其轉換成關係數據庫模式，至少使用下面的業務規則：

（1）一位病人可能預約該醫院中的一位或多位醫生，一位醫生可以被許多病人預約。但每次預約只能有一位醫生，所涉及病人只能有一位。

（2）急診不需要預約，但為了預約管理的方便，該急診在預約記錄中輸入為“沒有安排”。

（3）如果預約沒有取消，則病人就會到預約的醫生那裏就診。每次就診醫生都會開一個診斷結果。

（4）每次就診都會更新病人的記錄，從而生成一次醫療記錄。

（5）如果病人採取治療（取藥或手術），則每次就診都生成一個賬單。

（6）必須支付每張賬單，但一個賬單可以分多次支付，一次付款可以支付很多賬單。

（7）病人可以支付很多賬單，或者賬單可以作為向保險公司索要醫療賠償的憑證。

（8）如果病人投保，賬單可以由保險公司部分支付，餘額由病人支付。

案例分析：

（1）一位病人可能預約該醫院中的一位或多位醫生，一位醫生可以被許多病人預約。但每次預約只能有一位醫生，所涉及病人只能有一位。

（2）急診不需要預約，但為了預約管理的方便，該急診在預約記錄中輸入為“沒有安排”。

（3）如果预约没有取消，则病人就会到预约的医生那里就诊。每次就诊医生都会开一个诊断结果。

（4）每次就诊都会更新病人的记录，从而生成一次医疗记录。

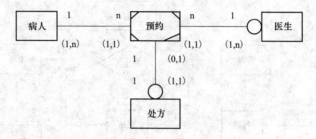

（5）如果病人采取治疗（取药或手术），则每次就诊都生成一个账单。

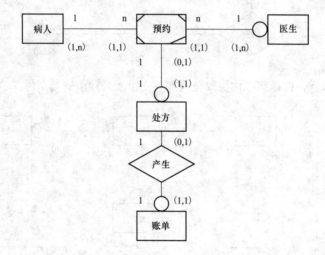

（6）必须支付每张账单，但一个账单可以分多次支付，一次付款可以支付很多账单。

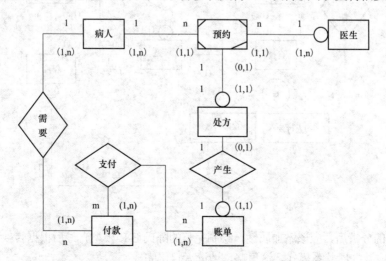

（7）病人可以支付很多账单，或者账单可以作为向保险公司索要医疗赔偿的凭据。

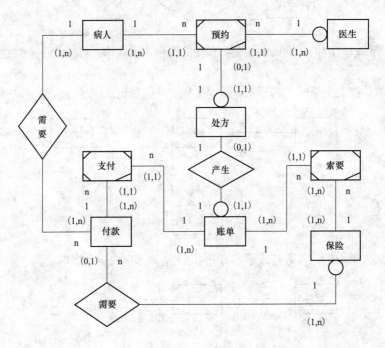

（8）如果病人投保，账单可以由保险公司部分支付，余额由病人支付。

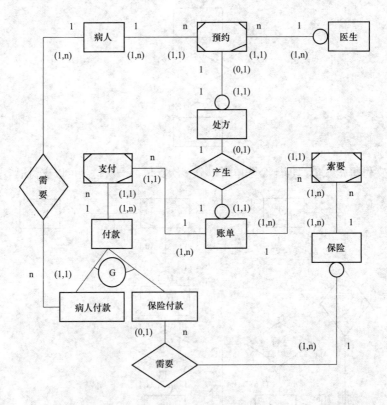

经过上面的分析后，应该添加属性，绘制完整的陈氏 E-R 模型，最后根据转换原则，将陈氏 E-R 模型转换成数据库关系模式。这里略，请读者自己完成。

1.5　小　　　结

本章讲解了数据库的基本概念，数据处理，信息的三个世界，以及数据模型的分类及其使用方法，阐述了数据库设计的实用方法和数据库的三级模式，然后讲解了数据设计的 E-R 模型的经典案例及其分析。通过本章的学习，可以熟练地掌握数据库设计中 E-R 模型的规范画法，从而为实际从事软件设计与开发工作时打下坚实的理论基础。

第 2 章

关 系 代 数

本章导读

▶ 掌握关系模型的相关概念。
▶ 掌握关系代数的基本运算。

2.1 关 系 代 数

1. 关系模型中的码

（1）超码（Super Key）。在关系模型中，超码的概念形式化定义如下：设 R 是一个关系模式。如果说 K 是 R 的超码，则限制了关系 r（R），此关系的任意两个不同元组在 K 的所有属性上的值不会完全相等。也就是说，如果 t1 和 t2 都属于（∈）r，而且 t1≠t2，那么 t1［K］≠t2［K］。

（2）候选码（Candidate Key）。候选码是指没有冗余的超码。

（3）主码（Primary Key）。若一个关系中有多个候选码，则选定其中的一个为主码。

（4）主属性（Prime Attribute）。候选码的诸属性称为主属性。

（5）非码属性（No-key Attribute）。不包含在任何候选码中的属性称为非主属性或非主属性。

（6）单码（Single-key）和全码（All-key）。在最简单的情况下，候选码只包含一个属性，称作单码。在最极端的情况下，关系模式的所有属性组是这个关系模式的候选码，称为全码。

（7）次码（Secondary Key）。严格地用于检索的属性或者属性组合。

（8）外码（Foreign Key）。某关系 R 的属性或者属性的组合 F，它的值要么匹配另一个关系 S 的主码 KS，要么是 null。则称 F 是基本关系 R 的外码。

外码说明如下：

1）关系 R 和 S 不一定是不同的关系。

2）S 的主码 Ks 和 R 的外码 F 必须定义在同一个（或一组）域上。

3）外码并不一定要与相应的主码同名。

4）当外码与相应的主码属于不同关系时，通常取相同的名字，以便于识别。

2. 关系运算

关系运算包括选择、投影、连接、除和赋值等运算。

（1）选择运算。生成满足给定条件的所有的行的生成值。或者说它只产生与给定标准匹配的行的值。

例如：假设我们有关系 R，如下所示：从关系 R 中选择类型为打印机的产品信息。

R

Model	Maker	Type
1004	B	个人电脑
1006	B	个人电脑
2001	D	便携式电脑
2004	E	便携式电脑
3002	B	打印机

$\sigma_{Type = '便携式电脑'}(R)$

R′

Model	Maker	Type
2001	D	便携式电脑
2004	E	便携式电脑

（2）投影：生成所选属性的所有值。换句话说，投影将产生表的垂直子集。

例如：假设我们有关系 R，如下所示：从关系 R 中查询销售的产品都有哪些类型。

R

Model	Maker	Type
1004	B	个人电脑
1006	B	个人电脑
2001	D	便携式电脑
2004	E	便携式电脑
3002	B	打印机

$\pi_{R.Type}(R)$

或者 $\pi_{Type}(R)$

或者 $\pi_3(R)$

R′

Type
个人电脑
便携式电脑
打印机

投影之后不仅取消了原关系中的某些列，而且还可能取消某些元组，因为取消了某些属性列后，就可能出现重复行，应去掉这些完全相同的行。

（3）连接：两个及两个以上的关系中组合信息。连接是数据库的真正原动力，它通过共同属性来连接彼此独立的表。连接又称为内连接，是二元关系操作，用符号 ⋈ 表示。

1）θ 连接。θ 连接是从两个关系的笛卡尔积中，选取属性之间那些满足条件 θ 的元组。记作：

$$R \underset{A\theta B}{\bowtie} S = (t_r t_s \mid t_r \in R \wedge t_s \in S \wedge t_r[A]\theta t_s[B])$$

其中，A 和 B 分别为 R 和 S 上度数相等且可比的属性组。θ 是比较运算符（可以是=、>=等）。连接运算从 R 和 S 的笛卡尔积 R×S 中选取（R 关系）在 A 属性组上的值与（S 关系）在 B 属性组上的值满足比较关系 θ 的元组。

θ 连接的步骤是：①获得 R 和 S 的笛卡尔积；②从笛卡尔积中选择满足条件 θ 的元组，注意，只生成满足条件 θ 的行。

如果 θ 为 "=" 的连接运算，则称为等值连接。它是特殊的 θ 连接，是从关系 R 与 S 的笛卡尔积中选取 A、B 属性值相等的那些元组。即等值连接为：

$$R \underset{A=B}{\bowtie} S = \{t_r t_s \mid t_r \in R \wedge t_s \in S \wedge t_r[A] = t_s[B]\}$$

设关系 R、S 分别为：

关系 R

A	B	C
1	2	3
6	7	8
9	7	8

关系 S

B	C	D
2	3	4
2	3	5
7	8	10

[**案例 1**] θ 为 A<D，则 R ⋈ S 为：
    A<D

A	R.B	R.C	S.B	S.C	D
1	2	3	2	3	4
1	2	3	2	3	5
1	2	3	7	8	10
6	7	8	7	8	10
9	7	8	7	8	10

[**案例 2**] θ 为等值连接 R.B=S.B ∧ R.C=S.C，则 R ⋈ S 为：
                    R.B=S.B∧R.C=S.C

A	R.B	R.C	S.B	S.C	D
1	2	3	2	3	4
1	2	3	2	3	5
6	7	8	7	8	10
9	7	8	7	8	10

注意：等值连接中连接条件的属性列均需要投影，即 R.B、S.B 和 R.C、S.C。

2）自然连接。若 A、B 是相同的属性组，就可以在结果中把重复的属性去掉。这种去掉了重复属性的等值连接称为自然连接。自然连接可记作：

$$R \bowtie S = \{t_r t_s \mid t_r \in R \wedge t_s \in S \wedge t_r[A] \theta t_s[B]\}$$

自然连接的步骤是：①获得 R 和 S 的笛卡尔积；②从笛卡尔积中选择满足等值条件的元组，注意，只生成满足等值条件的行；③从等值连接中去掉重复的公共属性。

[**案例 3**] 自然连接，则 R ⋈ S 为：

A	B	C	D
1	2	3	4
1	2	3	5
6	7	8	10
9	7	8	10

注意：自然连接必须是相同的属性组，而等值连接则不一定；自然连接中相同属性组只投影一次，而等值连接投影两次。

3）自身连接。连接操作不仅仅可以是两个关系直接进行，也可以是一个关系与其自身进行连接，称之为自身连接。

4）赋值运算。有时通过临时关系变量赋值，可以将关系代数表达式分开一部分一部分地来写。赋值运算用符号"←"来表示，与程序设计语言中的赋值类似。赋值运算只是将←右侧的表达式的结果赋给左侧的关系变量，该关系变量可以在后续的表达式中使用。特别要注意的是：对关系代数而言，赋值必须是赋给一个临时关系变量，而对永久关系的赋值即是对数据库的修改。此外，赋值运算不能增加关系代数的表达能力，但可以使复杂查询的表达变得清晰、简单。

5）除。除可以用前面的几种运算来表达，并不很常用。

给定关系 R（X，Y）和 S（Y，Z），其中 X，Y，Z 为属性组。R 中的 Y 与 S 中的 Y 可以有不同的属性名，但必须出自相同的域。R 与 S 的除运算得到一个新的关系 P（X），P 是 R 中满足下列条件的元组在 X 属性列上的投影：元组在 X 上分量值 x 的象集 Y_x 包含 S 在 Y 上投影的集合。记作：

$$R \div S = \{ t_r[X] \mid t_r \in R \land \pi_y(R) \subseteq Y_x \}$$

其中，Y_x 为 x 在 R 中的象集，$x = t_r[X]$。

例如：除示例，如图 2-1 所示。

A	B	C	D
a	b	c	d
a	b	e	f
b	c	e	f
e	d	c	d
e	d	e	f
a	b	d	e

关系 R

C	D
c	d
e	f

关系 S

A	B
a	b
e	d

R÷S

图 2-1　除示例图

除示例分析：

在关系 R 中，属性组 X（A，B）可以取三组值 x= {x | x∈ {（a，b），（b，c），（e，d）}}。

① x=（a，b）在关系 R 上的象集为：{（c，d），（e，f），（d，e）}。

② x=（b，c）在关系 R 上的象集为：{（e，f）}。

③ x=（e，d）在关系 R 上的象集为：{（c，d），（e，f）}。

S 在（C，D）上的投影为：{（c，d），（e，f）}。

三组值中只有①和③在关系 R 上的象集包含了 S 在（C，D）属性组上的投影。所以，R÷S = {（a，b），（e，d）}。

（4）广义的投影。广义投影运算通过允许在投影列表中使用算术函数来对投影进行扩展。广义投影运算的形式为：

$$\pi_{F1,F2,\cdots,Fn}(E)$$

其中，E 为任意关系代数表达式，而 F1，F2，…，Fn 中的每一个都是涉及常量以及 E 的模式中枢性的算术表达式。特别地，算术表达式可以仅仅是个属性或常量。

[案例 4]　假设我们有关系 R，如下所示：春节大酬宾，各厂家纷纷降低产品价格，普遍下调 100 元，请查询降价后的 PC 信息。

R

Model	Price
1	1000
2	980
3	1040
4	900
5	880

广义投影

$$\pi_{model,price,price-10}(R)$$

季节波动，价格下调 100 元

R′

Model	Price	New-Price
1	1000	900
2	980	880
3	1040	940
4	900	800
5	880	780

（5）聚集函数。聚集函数输入值的一个集合，返回单个的值。例如，聚集函数 sum 输入值的一个集合，返回这些值的和。因此，将函数 sum 输入值的一个集合 {1，1，3，4，4，11}，返回

值 24。

分组聚集函数是对关系中的元组按某一条件进行分组，并在分组的元组上使用聚集函数。分组聚集符号用 G 表示。

$$_{sno}G_{avg(score)}(R)$$

左侧的下标 Sno 表明输入关系 R 必须按照 sno 的值进行分组，G 右侧的下标的表达式 avg（score）表明对每组元组，聚集函数 avg 必须作用于属性 score 上的值的集合。

例如：假设我们有关系 R，如下所示。其中，学号和课程（Sno，Course）作为联合主码。从关系 R 中按课程分组查询课程的平均分。

R

Sno	Course	Score
1	数学	90
1	语文	80
2	数学	80
2	语文	70
3	数学	70
3	语文	60

$$_{course}G_{avg(score)}(R)$$

R′

Cuorse	course
数学	80
语文	70

（6）外连接。外连接运算是连接运算的扩展，可以处理缺失的信息。假如有如下关系：

R

Sno	Sname
1	谢某
2	张某
3	王某
4	李某

S

Sno	Course	Score
1	数学	90
1	语文	80
2	数学	80
2	语文	70
3	数学	70
3	语文	60

R ⋈ S

R′

Sno	Sname	Course	Sname
1	谢某	数学	90
1	谢某	语文	80
2	张某	数学	80
2	张某	语文	70
3	王某	数学	70
4	王某	语文	60

从自然连接查询结果，不难发现，自然连接丢失了李亚鹏同学课程的信息，因为该同学并未选修任何课程，使用外连接，我们可以查询学生成绩时，避免丢失这样的信息，这样的信息使用空值（null）表示。

两个关系进行外连接，一个关系保留匹配的对，而另一个关系中部匹配的值就设置为 null。所以外连接分成左向外连接、右向外连接和全外连接。

左向外连接：以符号 *⋈ 表示，结果集为左表的所有行。如果左表的某行在右表中没有匹配行，则在相关联的结果集行中右表的所有选择列表列均为空值。

右向外连接以符号 ⋈* 表示，结果集为右表的所有行。如果右表的某行在左表中没有匹配行，则将为左表返回空值。

全外连接以符号 *⋈* 表示，返回左表和右表中的所有行。当某行在另一个表中没有匹配行时，则另一个表的选择列表列包含空值。

在通常的连接操作中，只有满足连接条件的元组才能作为结果输出。外连接与普通连接的区别在于：普通连接操作只输出满足连接条件的元组，而外连接操作以指定表为连接主体，将主体表中不满足连接条件的元组一并输出。

例如：上述关系 R 和 S 的左外连接如下所示。

R

Sno	Sname
1	谢某
2	张某
3	王某
4	李某

S

Sno	Course	Score
1	数学	90
1	语文	80
2	数学	80
2	语文	70
3	数学	70
3	语文	60

$R \bowtie S$

R′

Sno	Sname	Course	Sname
1	谢某	数学	90
1	谢某	语文	80
2	张某	数学	80
2	张某	语文	70
3	王某	数学	70
3	王某	语文	60
4	李某	Null	Nul

（7）删除。删除运算的表达式和查询表达式非常相似。所不同的是，删除不是将要找出的元组显示给用户，而是要将它们从数据库中去除。特别要注意的是：删除是将元组整个地删除，而不是仅删除某些属性上的值。用关系代数表达式，删除操作可以表示如下：

r←r−E

其中 r 是关系，E 是查询的关系代数表达式。

例如：假设我们有关系 R，如下所示，从关系 R 中删除 B 厂商生产的产品。

R

Model	Maker	Type
1004	B	个人电脑
1006	B	个人电脑
2001	D	便携式电脑
2004	E	便携式电脑
3002	B	打印机

$E \leftarrow \pi_{model,maker,type} \sigma_{maker=B}(R)$

$R = R - E$

R′

Model	Maker	Type
2001	D	便携式电脑
2004	E	便携式电脑

（8）插入。插入的含义是将新的元组增加到关系中。使用关系代数表达式，插入被表示为：

r←r∪E

其中 r 是关系，E 是关系代数表达式。

例如：假设我们有关系 R，如下所示，在关系 R 中插入一条信息｛1005，C，个人电脑｝。

R

Model	Maker	Type
1004	B	个人电脑
1006	B	个人电脑
2001	D	便携式电脑
2004	E	便携式电脑
3002	B	打印机

R←R∪{1005,C,个人电脑}

R′

Model	Maker	Type
1004	B	个人电脑
1006	B	个人电脑
2001	D	便携式电脑
2004	E	便携式电脑
3002	B	打印机
1005	C	个人电脑

（9）更新。更新的含义是只修改关系中已有元组的部分属性的值，可以用投影表示如下：

$$\pi_{F1,\ F2,\cdots,\ Fn}(R)$$

[**案例 5**]　假设我们有关系 R，如下所示，销售旺季，PC 机的市场价格普遍上浮 10%。

R

Model	Price
1	1000
2	980
3	1040
4	900
5	880

$$R \leftarrow \pi_{model,price*1.1}(R)$$

销售旺季，价格上浮 10%

R′

Model	Price	New-Price
1	1000	1100
2	980	1078
3	1040	1144
4	900	990
5	880	968

[**案例 6**]　假设我们有关系 R，如下所示，销售淡季，金额在 1000 元及以上的商品价格下调 10%，其他则下调 5%。

$$R \leftarrow \pi_{model,price*0.9}(\sigma_{price\geq1000}(R)) \bigcup \pi_{model,price*0.95}(\sigma_{price<1000}(R))$$

R

Model	Price
1	1000
2	980
3	1040
4	900
5	880

销售淡季，金额在 100 元及以上的商品价格下调 10%，其他下调 5%

R′

Model	Price	New-Price
1	1000	900
2	980	931
3	1040	936
4	900	855
5	880	836

2.2　关系代数案例分析

案例说明：某市场管理部，其产品营销关系数据库模式如下：

Product（Model，Maker，Type）

PC（Model，Speed，Ram，Hd，Cd，Price）

Laptop（Model，Speed，Ram，Hd，Screen，Price）

Printer（Model，Color，Type，Price）

Product 关系给出不同产品的制造商、型号和类型（PC、便携式电脑或打印机）。为了方便，我们假定型号对于所有制造商和产品类型是唯一的。这个假设并不现实，实际的数据库将把制造商代码作为型号的一部分。PC 关系对于每个 PC 型号给出速度（处理器的速度，以兆赫计算）、RAM 的容量（以兆字节计算）、硬盘容量（以 GB 字节计算）、光盘驱动器的速度（例如，4 倍速）和价格。便携式电脑（Laptop）关系和 PC 是类似的，除了屏幕尺寸（用英寸计算）记录在原来记录 CD 速度的地方。打印机（Printer）关系对于每台打印机的类型记录打印机是否产生彩色输出（真，如果是的话）、工艺类型（激光、喷墨或干式）和价格。

写出关系代数表达式，回答下列查询，对于图 2-2 和图 2-3 中的数据，给出查询结果。

model	maker	type	model	maker	type
1001	A	个人电脑（PC）	2003	D	便携式电脑
1002	A	个人电脑	2004	E	便携式电脑
1003	A	个人电脑	2005	F	便携式电脑
1004	B	个人电脑	2006	G	便携式电脑
1005	C	个人电脑	2007	G	便携式电脑
1006	B	个人电脑	2008	E	便携式电脑
1007	C	个人电脑	3001	D	打印机（Printer）
1008	D	个人电脑	3002	D	打印机
1009	D	个人电脑	3003	D	打印机
1010	D	个人电脑	3004	E	打印机
2001	D	便携式电脑（Laptop）	3005	H	打印机
2002	D	便携式电脑	3006	I	打印机

图 2-2　产品的采样数据

model（型号）	speed（速度）	ram（内存）	hd（硬盘）	cd（光驱）	price（价格）
1001	133	16	1.6	6x	1595
1002	120	16	1.6	6x	1399
1003	166	24	2.5	6x	1899
1004	166	32	2.5	8x	1999
1005	166	16	2.0	8x	1999
1006	200	32	3.1	8x	2099
1007	200	32	3.2	8x	2349
1008	180	32	2.0	8x	2349
1009	200	32	2.5	8x	2599
1010	160	16	1.2	8x	1495

（a）关系 PC（个人电脑）的采样数据

model（型号）	speed（速度）	ram（内存）	hd（硬盘）	screen（屏幕）	price（价格）
2001	100	20	1.10	9.5	1999
2002	117	12	0.75	11.3	2499
2003	117	32	1.00	11.2	3599
2004	133	16	1.10	11.3	3499
2005	133	16	1.00	11.3	2599
2006	120	8	0.81	12.1	1999
2007	150	16	1.35	12.1	4799
2008	120	16	1.10	12.1	2099

（b）关系 Laptop（便携式电脑）的采样数据

model（型号）	color（彩色）	type（类型）	price（价格）
3001	真	喷墨	275
3002	真	喷墨	269
3003	假	激光	829
3004	假	激光	879
3005	假	喷墨	180
3006	真	干式	470

（c）关系 Printer（打印机）的采样数据

图 2-3　案例中各关系的采样数据

[案例 1]　从 Product 关系中查询所有产品的信息。

案例分析: 关系表达式应为:

$\sigma_{Product.model,Product.maker,Product.type}(Product)$,

或者 $\sigma_{model,maker,type}(Product)$,

或者 $\sigma_{1,2,3}(Product)$ 。

说明:(1)其中下标 1,2,3 分别为 model、maker 和 type 的属性序号。

(2)查询的结果就是 Product 表的信息。

(3)单表查询中可以省略表名.属性名中的表名。

查询结果:

model	maker	type
1001	A	个人电脑(PC)
1002	A	个人电脑
1003	A	个人电脑
1004	B	个人电脑
1005	C	个人电脑
1006	B	个人电脑
1007	C	个人电脑
1008	D	个人电脑
1009	D	个人电脑
1010	D	个人电脑
2001	D	便携式电脑(Laptop)
2002	D	便携式电脑
2003	D	便携式电脑
2004	E	便携式电脑
2005	F	便携式电脑
2006	G	便携式电脑
2007	G	便携式电脑
2008	E	便携式电脑
3001	D	打印机(Printer)
3002	D	打印机
3003	D	打印机
3004	E	打印机
3005	H	打印机
3006	I	打印机

[案例 2]　从 Product 关系中查询 A 厂商生产的所有产品的信息。

案例分析: 从 Product 关系中只选出厂商 A 生产的产品,本案例的关系代数表达式为:

$\sigma_{Product.maker='A'}(Product)$,

或者 $\sigma_{maker='A'}(Product)$,

或者 $\sigma_{2='A'}(Product)$ 。

查询结果:

model	maker	type
1001	A	个人电脑(PC)
1002	A	个人电脑
1003	A	个人电脑

[**案例 3**] 从 Printer 关系中查询价格小于 300 的打印机信息。

案例分析：从 Printer 中选出价格小于 300 的打印机，本案例的关系代数表达式为：

$\sigma_{\text{Printer. price}<300}(\text{Printer})$，

或者 $\sigma_{\text{price}<300}(\text{Printer})$，

或者 $\sigma_{4<300}(\text{Printer})$。

查询结果：只选择价格低于 300 的产品信息。

model	color	type	price
3001	真	喷墨	275
3002	真	喷墨	269
3005	假	喷墨	180

[**案例 4**] 从 Printer 关系中找出所有彩色打印机的元组。

案例分析：本案例考查的是选择运算。从 Printer 关系中选择打印机颜色为真的元组。本案例的关系代数表达式为：

$\sigma_{\text{Printer.color}=真}(\text{Printer})$

查询结果：

model	color	type	price
3001	真	喷墨	275
3002	真	喷墨	269
3006	真	干式	470

[**案例 5**] 查询 PC 机的型号和价格。

案例分析：本案例是求 PC 关系在型号和价格两个属性上的投影。本案例的关系代数表达式为：

$\pi_{\text{PC. model, PC. price}}(\text{PC})$，

或者 $\pi_{\text{model, price}}(\text{PC})$，

或者 $\pi_{1,6}(\text{PC})$。

查询结果：只投影到 model 和 price 属性。

model	price
1001	1595
1002	1399
1003	1899
1004	1999
1005	1999
1006	2099
1007	2349
1008	2349
1009	2599
1010	1495

[**案例 6**] 查询都有哪些类型的打印机。

案例分析：本案例是只投影到 Type 属性。本案例的关系代数表达式为：

$\pi_{\text{Printer. price}}(\text{Printer})$，

或者 $\pi_{\text{Type}}(\text{Printer})$，

或者 $\pi_4(\text{Printer})$。

查询结果：只投影到 type 属性，注意需要去除多余的行。

type
干式
激光
喷墨

[案例 7] 找出价格不超过 2000 元的所有个人计算机的型号、速度以及硬盘容量。

案例分析：本案例考查的是选择运算和投影运算。从 PC 关系中选出小于等于 2000 元的元组，然后，投影型号、速度和硬盘容量属性。本案例的关系代数表达式为：

$$\pi_{\text{model, speed, hd}}(\sigma_{\text{price} \leqslant 2000}(\text{PC}))$$

查询结果：选择小于等于 2000 元，投影型号、速度和硬件容量属性。

model	speed	hd
1001	133	1.6
1002	120	1.6
1003	166	2.5
1004	166	2.5
1005	166	2.0
1010	160	1.2

[案例 8] 找出价格不超过 2000 元的所有个人计算机的型号、速度以及硬盘容量。并在此基础上将型号字段改成中文"型号"；速度字段改成"兆赫"；并将硬盘容量改成"兆字节"。

案例分析：本案例考查的是命名运算。

$$\rho_{\text{PC'型号, 速度, 兆字节}}(\pi_{\text{model, speed,hd}}(\sigma_{\text{price} \leqslant 2000}(\text{PC})))$$

查询结果：

型号	速度	容量
1001	133	1.6
1002	120	1.6
1003	166	2.5
1004	166	2.5
1005	166	2.0
1010	160	1.2

[案例 9] 找出硬盘容量为 1.6GB 或 2.0GB 而且价格低于 2000 元的所有个人计算机的型号、速度以及价格。

案例分析：本案例考查的是复杂条件的查询。涉及选择和投影操作。关系代数表达式为：

$$\pi_{\text{model, speed, price}}(\sigma_{\text{hd}=1.6 \vee \text{hd}=2.0 \wedge \text{price} \leqslant 2000}(\text{PC}))$$

查询结果：

model	speed	price
1001	133	1595
1002	120	1399
1005	166	1999

[案例 10] 找出 PC 机价格在 2000～3000 元的机器的型号、硬盘容量以及价格。

案例分析：本案例考查的是复杂条件的查询。价格在 2000 元和 3000 元之间，将其转化成等价条件：价格大于 2000 元，并且价格小于 3000 元。本案例的关系代数表达式为：

$$\pi_{\text{model, hd, price}}(\sigma_{\text{price}\geq 2000 \wedge \text{price}\leq 3000}(PC))$$

查询结果：

model	hd	price
1006	3.1	2099
1007	3.2	2349
1008	2.0	2349
1009	2.5	2599

[案例 11] 查询只销售便携式电脑，不销售其他商品的厂商。

案例分析：本案例考查的是集合差操作。首先，求出销售便携式电脑的厂商；其次，求出销售其他类型产品的厂商（这个集合中包含了销售便携式电脑，又销售其他类型的厂商）；最后利用集合差求出只销售便携式电脑的厂商。本案例的关系代数表达式为：

$$\pi_{\text{maker}}(\sigma_{\text{type}=便携式电脑}(\text{Product})) - \pi_{\text{maker}}(\sigma_{\text{tye}<>便携式电脑}(\text{Product}))$$

查询结果：

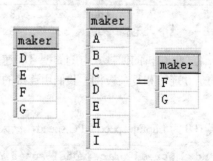

[案例 12] 查询 PC 机中的硬盘容量比便携式电脑中某一硬盘容量小的 PC 机的型号和容量。

案例分析：本案例考查的是 θ 连接。其中，θ 为 PC.hd＜Laptop.hd。关系代数表达式为：

$$\pi_{\text{PC.model, PChd}}(PC \underset{\text{PC.hd}<\text{Laptop.hd}}{\bowtie} \text{Laptop})$$

查询结果：在 PC 机中查询那些比任意一种 Laptop 硬盘容量小的 PC 机的型号和容量。

model	hd
1010	1.2

结果集为型号 1010 的 PC 机，容量为 1.2，它比型号 2007 的 Laptop 的容量 1.35 小。

[案例 13] 找出速度至少为 180 赫兹的 PC 机的厂商。

案例分析：本案例考查的是自然连接。关系代数表达式为：

$\pi_{\text{Product.maker}}(\sigma_{\text{PC. speed}\geqslant 180}(\text{product} \bowtie \text{PC}))$

查询结果：

maker
B
C
D

[案例 14] 查询便携式电脑具有最小有 1.10G 并且速度大于 130 的生产型号、厂商和价格。

案例分析： 本案例考查的是关系的自然连接和复杂查询。关系代数表达式为：

$\pi_{\text{Product. model, Product. maker, Laptop. price}}(\sigma_{\text{Laptop.hd}\geqslant 1.10 \wedge \text{Laptop.speed}>130}(\text{Product} \bowtie \text{laptop}))$

查询结果：

model	maker	price
2004	E	3499
2007	G	4799

[案例 15] 找出厂商 B 生产的 PC 机的所有信息。

案例分析： 本题考查的是自然连接。这里需要注意的是自然连接与等值连接的区别。自然连接必须是相同的属性组，而等值连接则不一定；自然连接中相同属性组只投影一次，而等值连接投影两次。本案例的关系代数表达式为：

$\sigma_{\text{Product.maker=B}}(\text{Product} \bowtie \text{PC}))$

查询结果：

model	maker	type	speed	ram	hd	cd	price
1004	B	个人电脑	166	32	2.5	8x	1999
1006	B	个人电脑	200	32	3.1	8x	2099

[案例 16] 找出速度高于任何 PC 机的便携式电脑的型号和速度。

案例分析： 本案例考查的是 θ 连接和复杂查询，我们用连接的等价公式表示。

$R \underset{A\theta B}{\bowtie} S = \sigma_{A\theta B}(R \times S)$

第一步：进行 θ 连接，其中 θ 为 Laptop.speed＞PC.speed，结果集为：

model	speed	ram	hd	screen	price	model	speed	ram	hd	cd	price
2004	133	16	1.10	11.3	3499	1002	120	16	1.6	6x	1399
2005	133	16	1.00	11.3	2599	1002	120	16	1.6	6x	1399
2007	150	16	1.35	12.1	4799	1001	133	16	1.6	6x	1595
2007	150	16	1.35	12.1	4799	1002	120	16	1.6	6x	1399
2007	150	16	1.35	12.1	4799	1011	133	16	1.6	6x	5000

第二步：投影便携式电脑的型号和速度。

model	speed
2004	133
2005	133
2007	150
2007	150
2007	150

所以，本案例的关系代数表达式为：

$$\pi_{\text{Laptop.model,Laptop.speed}}(\sigma_{\text{Laptop.speed}>\text{PC.speed}}(\text{Laptop}\times\text{PC}))$$

[案例 17] 找出厂商 D 生产的所有产品的型号和价格。

案例分析：本案例考查的是集合的并、连接、选择和投影。

首先通过自然连接、选择和投影将厂商 D 生产的 PC 机查询出来，同理，查询出 D 厂商生产的便携式电脑和打印机。然后，进行集合并操作，查出最终的结果集。本案例的关系代数表达式为：

$$\pi_{\text{Product.model, PC. price}}(\sigma_{\text{Product.maker}=D}(\text{Product}\bowtie\text{PC}))\bigcup\pi_{\text{Product.model,Laptop.price}}(\sigma_{\text{Product.maker}=D}(\text{Product}\bowtie\text{Laptop}))$$
$$\bigcup\pi_{\text{Product.model, Printer.price}}(\sigma_{\text{Product.maker}=D}(\text{Product}\bowtie\text{Printer}))$$

查询结果：

model	price
1008	2349
1009	2599
1010	1495

∪

model	price
2001	1999
2002	2499
2003	3599

∪

model	price
3002	269
3001	275
3003	829

=

model	price
1008	2349
1009	2599
1010	1495
2001	1999
2002	2499
2003	3599
3001	275
3002	269
3003	829

[案例 18] 找出既销售便携式电脑，又销售个人电脑（PC）的厂商。

案例分析：本案例可以采用三种方法进行求解。

（1）方法一：集合交操作。

分析：假设有如下关系 R

Maker	Type
1	PC
1	Laptop
2	PC
3	Laptop
4	Printer

采用集合交操作：

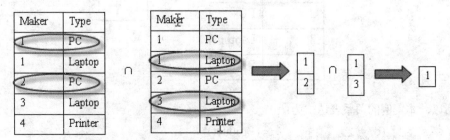

投影、选择生产 PC 机的厂商　投影、选择生产 Laptop 的厂商

所以，本案例的关系代数表达式为：

$\pi_{maker}(\sigma_{type=个人电脑})(Product)) \bigcap \pi_{maker}(\sigma_{type=便携式电脑}((Product)))$

查询结果为：

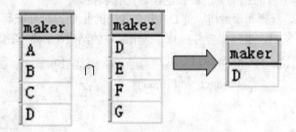

（2）方法二：除操作。

分析：假设有如下关系 R

Maker	Type
1	PC
1	Laptop
2	PC
3	Laptop
4	Printer

第一步：赋值运算。首先建立一个临时关系 K，如下图所示。

$$K \leftarrow \begin{array}{|c|} \hline Type \\ \hline PC \\ \hline Laptop \\ \hline \end{array}$$

第二步：求出既销售 PC 机又销售 Laptop 的厂家：

Maker	Type
1	PC
1	Laptop
2	PC
3	Laptop
4	Printer

$\div K = \begin{array}{|c|} \hline Maker \\ \hline 1 \\ \hline \end{array}$

所以，本案例的关系表达式为：

$k \leftarrow \pi_{maker.type}(\sigma_{type=个人电脑 \vee type=便携式电脑}(Product))$

$\pi_{maker}(Product) \div k$

查询结果：得到只有厂商"D"既销售 PC 机又销售便携式电脑。

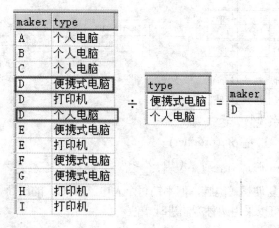

（3）方法三：自身连接操作。

分析：假设有如下关系 R

Maker	Type
1	PC
1	Laptop
2	PC
3	Laptop
4	Printer

第一步，为了方便起见，我们将两个 Product 关系取两个别名，一个是 P1，另一个是 P2。$P_1 \leftarrow \rho_{P1}(product)$；$P_2 \leftarrow \rho_{P2}(product)$。

第二步，经过命名和赋值运算后，进行 Product 关系自身等值连接。

Maker	Type		Maker	Type		Maker	Type	Maker	Type
1	PC	⋈	1	PC	=	1	PC	1	PC
1	Laptop	P1.Type=P2.Type	1	Laptop		1	PC	1	Laptop
2	PC		2	PC		1	Laptop	1	PC
3	Laptop		3	Laptop		1	Laptop	1	Laptop
4	Printer		4	Printer		2	PC	2	PC
						3	Laptop	3	Laptop
						4	Printer	4	Printer

由于我们要查询的是既销售便携式电脑又销售个人电脑的厂商，所以，自身等值连接找出同一厂商生产的产品的所有组合对儿，即为图中标识部分（第 2，3 元组）。这说明，厂商 1 既销售 PC 机又销售便携式电脑；而厂商 2、厂商 3 和厂商 4 分别只销售 PC 机、Laptop 和打印机。

第三步，在同一生产厂商生产的产品所有组合对儿的基础上，找出销售便携式电脑和个人电脑组合对的厂商信息（即，执行选择操作：P1.Type = PC，并且 P2.Type = Laptop；或者执行选择操作：P1.Type = Laptop，并且 P2.Type = PC）；然后执行投影操作。

Maker	Type	Maker	Type
1	PC	1	PC
1	PC	1	Laptop
1	Laptop	1	PC
1	Laptop	1	Laptop
2	PC	2	PC
3	Laptop	3	Laptop
4	Printer	4	Printer

Maker	Type	Maker	Type
1	PC	1	Laptop

选择
P1 .Type=PC ∧ P2 TType=Laptop

Maker
1

投影
Maker

所以，本案例的关系代数表达式为：

$P_1 \leftarrow \rho_{P1}(\text{product})$ ； $P_2 \leftarrow \rho_{P2}(\text{product})$ ；

$\pi_{P1.maker}(\sigma_{P1.type='个人电脑' \land P2.type='便携式电脑'})(P1 \underset{P1.maker=P2.maker}{\bowtie} P2))$ 。

[**案例19**]　找出销售便携式电脑，但不销售个人电脑（PC）的厂商。

案例分析：本案例可以采用两种方法进行求解。

（1）方法一：差操作。

分析：假设有如下关系 R

Maker	Type
1	PC
1	Laptop
2	PC
3	Laptop
4	Printer

采用差操作：

Maker	Type
1	PC
1	Laptop
2	PC
3	Laptop
4	Printer

−

Maker	Type
1	PC
1	Laptop
2	PC
3	Laptop
4	Printer

=

1
3

−

1
2

=

3

投影选择生产 Laptop 的厂商　投影选择生产 PC 的厂商

所以，本案例的关系代数表达式为：

$\pi_{maker}(\sigma_{type=便携式电脑}(\text{Product})) - \pi_{maker}(\sigma_{type=个人电脑})(\text{Product}))$

查询结果为：销售 Laptop 但不销售 PC 机的厂商。

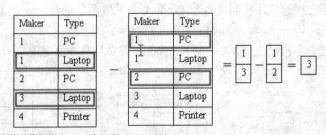

maker
D
E
F
G

−

maker
A
B
C
D

=

maker
E
F
G

（2）方法二：除操作。

分析：假设有如下关系 R

Maker	Type
1	PC
1	Laptop
2	PC
3	Laptop
4	Printer

第一步：赋值运算。首先建立一个临时关系 K，如下图所示。

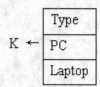

第二步：求出既销售 PC 机又销售 Laptop 的厂家：

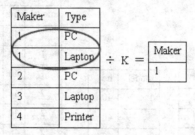

第三步：集合差求出不同时销售便携式电脑和 PC 机的厂家。

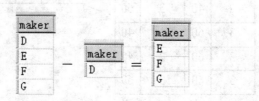

投影选择生产 Laptop 的厂商　　既生产 Laptop 又生产 PC 机的厂商

所以，本案例的关系代数表达式为：

$k \leftarrow \pi_{maker.type}(\sigma_{type=个人电脑 \vee type=便携式电脑}(Product))$；

$R \leftarrow \pi_{maker}(Product) \div k$；

$\pi_{type}(\sigma_{type=便携式电脑}(Product)) - R$。

查询结果：

maker
D
E
F
G

－

maker
D

＝

maker
E
F
G

[**案例20**] 找出两种或两种以上 PC 机上出现的硬盘容量。

案例分析：本案例考查的是自身的 θ 连接。就是说，需找出如 PC 机的硬盘容量为 1.6、2.5 这样出现两次以上的硬盘容量。

分析：假设有如下关系 R，硬盘容量 40 出现两次，则需要查询出该型号。这里我们用连接的等价公式表示：

$$R \underset{A\theta B}{\bowtie} S = \sigma_{A\theta B}(R \times S)$$

model	hd
1	40
2	40
3	60

第一步，先将关系 R 改名，改为一个是 FR，另一个是 SR，然后进行笛卡儿积。

$$FR \leftarrow \rho_{FR}(R)，\quad SR \leftarrow \rho_{SR}(R)，\quad FR \times SR。$$

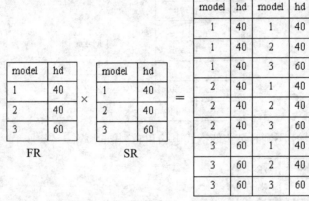

第二步，在笛卡尔积中选择硬盘容量相等，而型号不等的元组。这是因为两个相同的 hd 经过笛卡尔积连接，就形成了一个元组，而型号相同，则有可能是自身的连接的结果。

model	hd	model	hd
1	40	1	40
1	40	2	40
1	40	3	60
2	40	1	40
2	40	2	40
2	40	3	60
3	60	1	40
3	60	2	40
3	60	3	60

FR×SR

=

model	hd	model	hd
1	40	2	40
2	40	1	40

第三步，投影 FR 关系的 model 和 hd 属性。

model	hd	model	hd
1	40	2	40
2	40	1	40

hd
40

需要找出硬盘容量（40）出现两次的元组，显然应在笛卡儿积中投影、选择第 2 和第 4 个元组，而第 1、5、9 个元组是自身的连接，并没有意义，第 3、6、7、8 元组又不满足条件。

所以，本案例的关系代数表达式为：

$$FR \leftarrow \rho_{FR}(R)，\quad SR \leftarrow \rho_{SR}(R)，$$

$$\pi_{FPC.hd}(\sigma_{FPC.hd=SPC.hd \wedge FPC.model \neq SPC.model}(FPC \times SPC))。$$

查询结果：

hd
1.6
2.0
2.5

[案例 21] 找出速度相同且 ram 相同的成对的 PC 型号。一对型号只列出一次。

案例分析：本案例考查的是自身的 θ 连接。采用自身 θ 连接的等价公式来表示：

分析：假设有如下关系 R，硬盘容量是 128 的型号为 1 和 2，则需要查询出这种型号对（1，2）。注意与上一个案例不同的是 1 和 2 的连接和 2 和 1 的连接只能出现一次。

这里我们用连接的等价公式表示：

$$R \underset{A\theta B}{\bowtie} S = \sigma_{A\theta B}(R \times S)$$

model	Ram
1	128
2	128
3	256

第一步，先将关系 R 改名，改为一个是 FR，另一个是 SR，然后进行笛卡儿积。

$$FR \leftarrow \rho_{FR}(R)，\quad SR \leftarrow \rho_{SR}(R)，\quad FR \times SR。$$

model	Ram
1	128
2	128
3	256

×

model	Ram
1	128
2	128
3	256

=

model	Ram	model	Ram
1	128	1	128
1	128	2	128
1	128	3	256
2	128	1	128
2	128	2	128
2	128	3	256
3	256	1	128
3	256	2	128
3	256	3	256

第二步：选择 ram 相同的型号对的元组。

model	Ram	model	Ram
1	128	1	128
1	128	2	128
1	128	3	256
2	128	1	128
2	128	2	128
2	128	3	256
3	256	1	128
3	256	2	128
3	256	3	256

=

model	Ram	model	Ram
1	128	2	128

上图可以看出，ram 相同的型号对中，其一，有自身连接的型号对。如型号 1 自身的连接。其二，有重复的连接对，如第 2 个元组构成的型号对是型号 1 和型号 2；而第 4 个元组构成的型号对是型号 2 和型号 1。而案例题目要求一对型号只列出一次，所以必须去掉这两种类型的型号对。方法是选择 FR.model < SR.model，这样就可以去掉第一种情况，同时也使得第二种情况只会出现一次。

第三步：投影该型号对的 model 属性。

model	Ram	model	Ram
1	128	2	128

=

model	model
1	2

所以，本案例的关系代数表达式为：

$$\text{FPC} \leftarrow \rho_{\text{FPC}}(\text{PC})，\quad \text{SPC} \leftarrow \rho_{\text{SPC}}(\text{PC})，$$

$$\pi_{\text{FPC.model,SPC.model}}(\sigma_{\text{FPC.ram=SPC.ram} \wedge \text{FPC.speed = SPC.speed} \wedge \text{FPC.model < SPC.model}}(\text{FPC} \times \text{SPC}))。$$

查询结果：

model	model
1006	1007
1006	1009
1007	1009

2.3 小 结

本章讲解了关系代数的基本理论，基本运算的使用方法，阐述了扩展关系代数和关系代数之间区别和数据库修改模式的具体使用。通过本章的学习，应熟练掌握关系代数的基本运算的具体应用，以及扩展的关系代数和数据库修改模式的使用方法，从而为学习数据库查询语言 SQL 语句奠定坚实的理论基础，为数据库设计应用打下基础。

第 3 章

规 范 化 理 论

 本章导读

▶▶ 熟练掌握和理解各种范式的定义，以及它们的具体应用。

▶▶ 熟练掌握规范化的方法和步骤。

3.1 规 范 化

3.1.1 范式的种类

1. 范式的种类

所谓第几范式，是指一个关系模式按照规范化理论设计，符合哪一级别的要求。

2. 范式之间的关系及规范化

各范式之间的关系及规范化过程如下：

（1）取原始的报表格式的表，根据数据分量不可分原则，采用第 1 章讲过的多值属性或弱实体的处理方法，消除数据分量可分，从而产生一组 1NF 关系模式。

（2）取 1NF 关系，消除任何非主属性对候选码的部分函数依赖，从而产生一组 2NF 的关系模式。

（3）取 2NF 关系模式，消除任何非主属性对候选码的传递函数依赖，产生一组 3NF 的关系模式。

（4）取 3NF 的关系模式的投影，消除主属性对候选码的部分函数依赖和传递函数依赖，产生一组 BCNF 的关系模式。

（5）取 BCNF 关系模式的投影，消除非平凡且非函数依赖的多值依赖，产生一组 4NF 关系模式。

（6）取 4NF 关系模式，消除连接依赖，产生一组 5NF 关系模式。

综上所述，$1NF \supset 2NF \supset 3NF \supset BCNF \supset 4NF \supset 5NF$。

3.1.2 范式的定义

1. 第一范式（简称 1NF）

定义　如果一个关系模式 R 的所有属性都是不可分的基本数据项，则称 R 是第一范式，记作 $R \in 1NF$。

例如：如表 3-1 所示的职工工资表和表 3-2 所示的职工信息表，它们是非规范关系。

表 3-1　　　　　　　　　　　　　　职 工 工 资 表

职工号	姓名	工资		
		基本工资	职务工资	工龄工资

表 3-2　　　　　　　　　　　　　　职 工 信 息 表

职工号	姓名	职称	学历	毕业年份
001	张三	教授	大学 硕士	1963 1982

工资表中的工资属性又细分为基本工资、职务工资、工龄工资三个列，数据分量可分，所以不是第一范式。职工信息表中学历和毕业年份的数据分量又分别有两个不同的值，数据分量可分，所以也不是第一范式。

解决方法请详见第 1 章复合/简单属性和单值/多值属性章节。

2. 第二范式（简称 2NF）

定义　设有关系模式 R∈1NF，如果它的所有非主属性都完全函数依赖于 R 的候选码，则称 R 是第一范式，记作 R∈2NF。

例如：如表 3-3 所示的学生表，存储了学生的基本信息和成绩信息。

表 3-3　　　　　　　　　　　　　　学 生 表

学号	姓名	院系名称	课程名	成绩
1	王子	计算机	计算机网络	80
2	杨帆	计算机	数据库原理及应用	70
2	杨帆	计算机	英语	90
3	周立	土木工程	钢混	70

学生表中的属性组（学号、课程名）是主码，对于非主属性院系名称来说，只函数依赖于学号，而不依赖于课程名，也就是说（学号、课程名）→院系名称，学号→院系名称。院系名称依赖于主码中的一部分，所以不是第二范式，将表 3-3 分解为两张表，即表 3-4 和表 3-5，分解后，表 3-4 的主码是学号，肯定不存在部分函数依赖，表 3-5 主码是联合主码（学号，课程号），但成绩属性部分函数不依赖于主码中的任何一个，所以它们都是第二范式。

表 3-4　　　　学 生 表

学号	姓名	院系名称
1	王子	计算机
2	杨帆	计算机
3	周立	土木工程

表 3-5　　　　成 绩 表

学号	课程名	成绩
1	计算机网络	80
2	数据库原理及应用	70
2	英语	90
3	钢混	70

3. 第三范式（简称 3NF）

定义　关系模式 R<U，F>中若不存在这样的码 X、属性组 Y 及非主属性 Z（Z⊈Y），使得

X→Y，Y ↛ X，Y→Z，成立，则称 R<U，F>∈3NF。

例如：如表 3-6 所示的学生表。

表 3-6　　　　　　　　　　　　　学 生 表

学号	姓名	院系名称	系主任
1	王子	计算机	易忠
2	杨帆	计算机	易忠
3	周立	土木工程	罗晓曙

学生表中的学号为主码，不存在部分函数依赖，但对于非主属性院系名称、系主任来说，产生了传递现象，学号→院系名称，院系名称→系主任，可以推出学号→系主任。由于学号是主码，所以学号→系主任，而不应该是传递推导出来的，所以不是第三范式。将表 3-6 分解为两张表，即表 3-7 和表 3-8，分解后，表 3-7 学生表的主码是学号，不存在非主属性姓名、院系名称对候选码学号的部分函数依赖，也不存非主属性对候选码的传递函数依赖，它符合第三范式；表 3-8 主任表的主码是院系名称，它也符合第三范式。

表 3-7　　　　学 生 表

学号	姓名	院系名称
1	王子	计算机
2	杨帆	计算机
3	周立	土木工程

表 3-8　　　　主 任 表

院系名称	系主任
计算机	易忠
土木工程	罗晓曙

4. Boyce-Codd 范式（简称 BC 范式）

BC 范式是由 Boyce 和 Codd 提出的，通常认为 BCNF 是修正的第三范式，有时也称为扩充的第三范式。

定义　设关系模式 R<U，F>∈1NF，如果对于 R 的每个函数依赖 X→Y，若 Y 不属于 X，则 X 必含有候选码，那么 R∈BCNF。

例如：如表 3-9 所示的选课表，假设规定每位教师只教一门课程，每门课程有若干教师，某一学生选定某门课程，就对应一个固定的教师。

表 3-9　　　　　　　　　　　　　选 课 表

学号	教师编号	课程编号	成绩
2007400901	101	11	90
2007400901	102	12	80
2007400902	101	11	70
2007400903	103	12	60

选课表中（学号，课程号）和（学号，教师编号）都是候选码，也就是说，（学号、课程号）或（学号，教师编号）确定了，则其他属性就确定了。根据第一章码的概念，如果候选码不止一个，选取一个作为主码，假设我们选取（学号、课程编号）作为主码。此外，教师编号→课程编号，如图 3-1 所示。

图 3-1　选课关系模式的函数依赖图解

　　表 3-9 和图 3-1 展示了一个很明显属于的 3NF 的结构，然而教师编号→课程编号，教师编号是决定因素，但教师编号不是候选码，（学号，教师编号）才是候选码，这导致该表不符合 BCNF 要求，这说明，选择的主码存在着问题。解决的方案是将教师编号和课程编号易位。将图 3-1 进行修改易位后如图 3-2 所示。

图 3-2　BCNF 解决方案分解图（一）

　　易位后的图 3-2，其关系模式的结构是 1NF，但易位后又出现了主属性（课程编号）对候选码（学号，教师编号）的部分函数依赖，所以对图 3-2 进行进一步分解，如图 3-3 所示，相应的表 3-9 则分解为两张表，即表 3-10 和表 3-11。

图 3-3　BCNF 解决方案分解图（二）

表 3-10	学 生 选 课 表	
学号	教师编号	成绩
2007400901	101	90
2007400901	102	80
2007400902	101	70
2007400903	103	60

表 3-11	教 师 授 课 表
教师编号	课程编号
101	11
102	12
103	12

　　5. 第四范式（简称 4NF）

　　定义　关系模式 R<U，F>∈1NF，如果对于 R 的每个非平凡多值依赖 X→→Y（Y⊈X），X 都含有候选码，则 R∈4NF。

　　4NF 就是限制关系模式的属性之间不允许有非平凡且非函数依赖的多值依赖。

　　例如：将具有多值依赖的关系模式 Happy_day（职工姓名，工作地点，工作类型），即表 3-1 规范为 4NF。

　　解决方案：是将产生多值依赖的两项分开，分解成两个关系，工作地点（职工姓名，工作地点）和工作类型（职工姓名，工作类型）。即表 3-12 和表 3-13。

　　6. 第五范式（简称 5NF）

　　定义　如果在关系模式 R 中，除了由超码构成的连接依赖外，别无其他连接依赖，则 R 属于 5NF。

表3-12	工 作 地 点 表
职工姓名	工作地点
吕橙	数计学院
吕橙	物电学院
吕橙	中文学院

表3-13	工 作 类 型 表
职工姓名	工作类型
吕橙	清洁工
吕橙	宿管员

例如：设有一关系 SPJ（S，P，J），S 表示供应商号，P 表示零件号，J 表示工程号。SPJ 表示供应关系，即某供应商供应某些零件给某个工程。如果此关系的语义满足下列条件：SPJ = SP[S,P] ⋈ PJ[P,J] ⋈ SJ[J,S]，那么，SPJ 可以分解成等价的三个二元关系。

所谓的等价是指投影分解后的三个二元关系经过连接后可以重新构建原来的关系。满足这样的条件的分解叫无损连接分解，或简称为无损分解。这样表达的语义在现实世界中能够似乎很难理解，但如果给以适当的解释，还是有一定的实际意义，虽然这种情况并不多见。上述条件可以解释成这样一类事实：

若南方公司供应轴承，

且长征工程需要轴承，

且南方公司与长征工程有供应关系，

则南方公司必供应长征工程轴承。

3.1.3　规范化的方法和步骤

假设有关系 R 及其包含的各种依赖，如图 3-4 所示，其中斜粗体 A 和斜粗体 B 为联合主码，关系的上方表示关系的主码依赖，下方表示关系 R 的函数依赖。

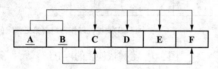

图 3-4　关系 R 的函数依赖图

从上图可以看出这是一个典型的 1NF 结构，因为该结构的数据分量是不可分的。即，不存在表中有表的情况，但它不却是 2NF 结构，因为该结构包含了非主属性对候选码的部分函数依赖（B→C）。规范化其关系的基本方法和步骤如下：

第一步：将每个主码（PK）写在单独的一行，将初始的 PK 写在最后一行。分解图如图 3-5 所示。

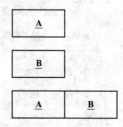

图 3-5　关系 R 由 1NF 向 2NF 转换的规范分解图（一）

第二步：投影分解，将第一步确定的 PK 属性的各种依赖放在该 PK 属性后面。

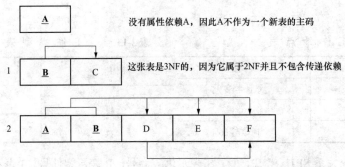

图 3-6 关系 R 由 1NF 向 2NF 转换的规范化分解图（二）

注意，分解为 2 张表，其中原表中不满足 2NF 的非主属性 C 对候选码（A，B）的部分函数依赖（B→C）分解到第一张表中，而在第二张表中除了主码依赖以外，只剩下 D→F 的非主属性对候选码的传递函数依赖。

第三步：投影分解，将第二步确定的函数依赖表再进行分解，原第二张表再分解为两张表（即新表 2 和新表 3）。如图 3-7 所示。

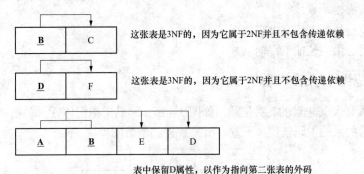

图 3-7 函数依赖表的再分解

3.2 规范化案例分析

[**案例 1**] 假设有如下的加班报表的 Excel 样本，现欲将其构建成数据库，并用规范化理论对其进行规范。

	A	B	C	D	E	F	G	H
1			计算机系月加班补助报表样例					
2	项目编号	项目名称	职工编号	职工姓名	工作类型	每小时报酬	小时数	总费用
3	15	实验室自动化	103	张翰韬	电器工程师	84.5	23.8	2011.1
4			101	万珊珊	数据库设计师	105	19.4	2037
5			105	郝莹*	总设计师	35.75	12.6	450.45
6			102	成小静	系统分析员	96.75	23.8	2302.65
7	18	大学生考试系统	114	毕靖	程序分析员	48.1	24.6	1183.26
8			102	成小静	市场调研员	18.36	45.3	831.708
9			104	杨锋*	系统分析员	96.75	32.4	3134.7
10			112	霍新	DSS分析师	45.95	44	2021.8
11	22	学生选课系统	105	郝莹	数据库设计师	105	64.7	6793.5
12			104	杨峰	系统分析员	96.75	48.4	4682.7
13			113	李伟峰*	程序设计员	48.1	23.6	1135.16
14			111	吕橙	市场调研员	26.87	22	591.14

案例分析：

第一步：根据 Excel 表，建立初始的数据库，如下表所示。

PRO_NUM	PROJ_NAME	EMP_NUM	EMP_NAME	JOB_CLASS	CHG_HOUR	HOURS
15	实验室自动化	103	张翰韬	电器工程师	84.5	23.8
		101	万珊珊	数据库设计师	105	19.4
		105	郝莹*	总设计师	35.75	12.6
		102	成小静	系统分析员	96.75	23.8
18	大学生考试系统	114	毕靖	程序分析员	48.1	24.6
		102	成小静	市场调研员	18.36	45.3
		104	杨锋*	系统分析员	96.75	32.4
		112	霍新	DSS分析师	45.95	44
22	学生选课系统	105	郝莹	数据库设计师	105	64.5
		104	杨锋	系统分析员	96.75	48.4
		113	李伟峰	程序设计员	48.1	23.6
		111	吕橙	市场调研员	26.87	22

因为总费用是总小时和每小时报酬的乘积，属于导出属性。所以暂不写入到数据库中（可用一个计算方法导出）。不幸的是初建的数据库不符合关系数据库的要求，它也不能很好地处理数据。因为关系数据库必须满足 1NF 的要求。1NF 的要求是：数据项不可分和数据分量不可分（参见第 1 章）。

很容易得出初建数据库有以下不足：

（1）项目编号（PROJ_NUM）很明显是希望作为一个主码，或至少为主码的一部分，但是它却包含了许多 null 值。

（2）表的数据输入容易引起数据的不一致性。例如：JOB_CLASS 的值程序设计员，在某些情况下可能写成程序员。

（3）表中有冗余数据会造成各种异常：

1）更新异常。如：修改职工编号（EMP_NUM）为 105 的员工的工作类型（JOB_CLASS），将潜在地要求许多的修改，对每个 EMP_NUM=105 的记录都需要修改。

2）插入异常：为了满足行的定义，新的职工必须被分配到某个项目。如果职工没有被分配到某个项目，就必须虚构一个项目，以完成职工数据的录入。

3）删除异常：如果职工 111 被开除了，必须删除所有 EMP_NUM=111 的记录；而一旦这些记录被删除，将会丢失许多别的重要数据。

第二步：将其从非关系转换为 1NF。

先确定（项目编号，员工编号）作为联合主码，然后，将初始数据库的主码中 null 部分添加完整，同时消除重复的元组，即消除可分的数据分量（多值属性）和可分的数据项。最后，标识关系中所有主码依赖和函数依赖。为了查询的方便，将相应的中文改称英文，关系如下图所示：

PRO_NUM	PROJ_NAME	EMP_NUM	EMP_NAME	JOB_CLASS	CHG_HOUR	HOURS
15	实验室自动化	103	张翰韬	电器工程师	84.5	23.8
15	实验室自动化	101	万珊珊	数据库设计师	105	19.4
15	实验室自动化	105	郝莹*	总设计师	35.75	12.6
15	实验室自动化	102	成小静	系统分析员	96.75	23.8
18	大学生考试系统	114	毕靖	程序分析员	48.1	24.6
18	大学生考试系统	102	成小静	市场调研员	18.36	45.3
18	大学生考试系统	104	杨锋*	系统分析员	96.75	32.4
18	大学生考试系统	112	霍新	DSS分析师	45.95	44
22	学生选课系统	105	郝莹	数据库设计师	105	64.5
22	学生选课系统	104	杨锋	系统分析员	96.75	48.4
22	学生选课系统	113	李伟峰	程序设计员	48.1	23.6
22	学生选课系统	111	吕橙	市场调研员	26.87	22

虽然关系满足 1NF，保证了实体完整性约束，但仍然存在着各种异常。

第三步：将关系由 1NF 转换成 2NF。转换步骤如下：

（1）将每个码的组成的依赖部分分别写在单独的行中，然后将原来的（组合）码写在最后一行。

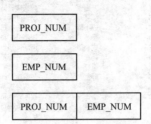

（2）每个主码组成的依赖部分都将成为新表，换句话说，将初始表分成三张表，分别称作 PROJECT、EMPLOYEE 和 ASSIGN。为什么要分成三个表？根据部分函数依赖的种类，有多少种类型部分函数依赖就拆分成几张表。外加主码表。本例中有两种部分函数依赖，一个依赖 PROJ_NUM（构成 PROJECT 表），另一个依赖 EMP_NUM（构成 EMPLOYEE 表）。外加主码表（ASSIGN 表），共计 3 张表。

（3）在每个新表的码后面写出相关的属性。注意：因为 ASSIGN 表中，每个职工在每个项目中工作的小时数同时依赖于 PROJ_NUM 和 EMP_NUM，所以我们将这些小时数叫作 ASSIGN_HOURS。转换后 2NF 的关系如下图所示：

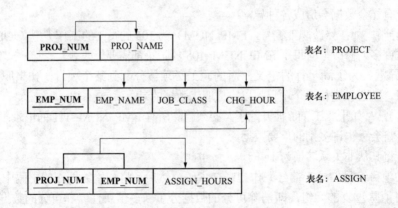

到这时，前面讨论的异常都已经消除。比如：如果想添加/删除/修改 PROJECT 记录，只需在 PROJECT 表中增删其中一行就可以了。只是消除前面所提到的，但仍存在各类异常。因为 2NF 分解图中，仍然存在着主属性对候选码的传递函数依赖，JOB_CLASS→CHG_HOUR，这些传递会产生异常。例如，如果很多职工所属工种变化了，则所有职工的每小时报酬都必须改变。如果忘记了更新某些受到工种变化影响的职工记录，那么具有相同工种的职工将会有不同的每小时报酬。

第四步：将关系由 2NF 转换为 3NF。消除非主属性对候选码的传递函数依赖。消除的方法是将规范分解图下方的箭头标明的传递函数依赖对应的属性进行分离，并将它们分别存储在不同的表中，这样二者就没得可传了。但 JOB_CLASS 必须作为外码继续存在于原来的 2NF 表中，以便在原来的表和新建的表中建立连接。关系的分解图如下所示：

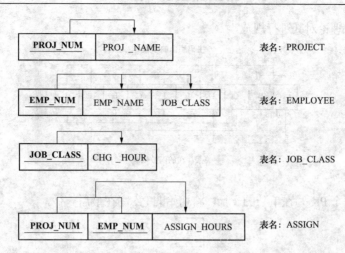

从规范化我们已经清楚了需要 4 张表，就应该清楚实际上是三个实体和一个关系。语义说明（业务规则）：

（1）公司有很多项目，每个项目要求许多职工的参与。

（2）一个职工可以被分派到几个不同的项目。

（3）每个职工有一个主要的工作类型，该工作类型决定了每小时工作的报酬标准。

（4）许多职工有相同的工作类型。

根据业务规则绘制的陈氏 E-R 模型如图 3-8 所示。

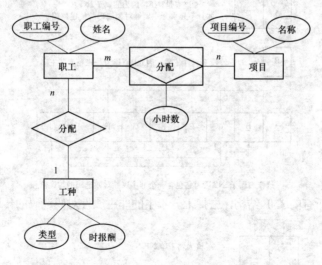

图 3-8 加班补助数据库的陈氏 E-R 模型

[案例 2] 假设有如下的关系，关系中（A，B）和（A，C）为候选码；选择（A，B）为主码，且存在如下函数依赖：

（1）A→D 非主属性对候选码的部分函数依赖。

（2）F→G 非主属性对候选码的传递依赖。

（3）C→B 主属性对候选码的传递函数依赖。

（4）C→I 主属性对候选码的传递函数依赖。

（5）⋈（C，H，J）连接依赖。

（6）X=A，Y=F，Z=（C，E），X→→Y 多值依赖。

请你用规范化理论对其进行规范。

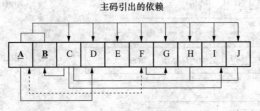

主码引出的依赖

关系存在的函数依赖

案例分析:

第一步:将每个 PK 写在单独的一行,将初始的 PK 写在最后一行。

第二步:投影分解,将第一步确定的 PK 属性的依赖放在该 PK 属性后面,关系由原来的 1NF 转换成 2NF。

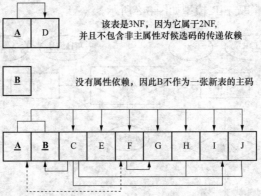

该表是3NF,因为它属于2NF,并且不包含非主属性对候选码的传递依赖

没有属性依赖,因此B不作为一张新表的主码

这张表属于2NF,因为它包含一个非主属性对候选码的传递依赖

第三步:保留所有的 3NF 结构,去掉上一步中的非主属性对候选码的传递依赖。

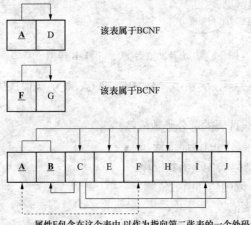

该表属于BCNF

该表属于BCNF

属性F包含在这个表中,以作为指向第二张表的一个外码,这张表属于3NF,但不属于BCNF,因为它包含一个主属性对码的传递依赖

第四步：保留所有 BCNF 结构，去掉主属性的对候选码的传递依赖。这说明我们最初在（A，B）和（A，C）时，选取（A，B）作为主码有误，应该选取（A，C）作为主码，所以解决方案是将 BC 异位。这样出现了新的问题。

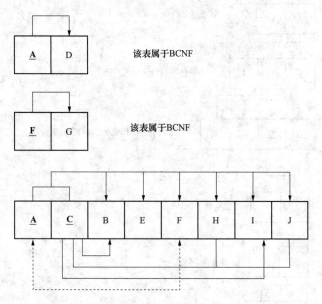

该表属于BCNF

该表属于BCNF

这张表属于1NF，它不属于2NF，因为包含主属性对候选码的部分函数依赖

第五步：保留原来的 BCNF，并去掉上一步的主属性对码的部分函数依赖。

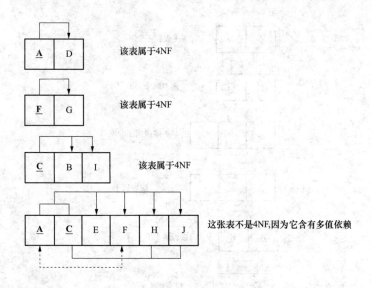

该表属于4NF

该表属于4NF

该表属于4NF

这张表不是4NF,因为它含有多值依赖

到目前为止所有数据依赖中的函数依赖已经消除。现在上面的表均已是 BCNF，但仍含有数据依赖中的连接依赖和多值依赖。在从 BCNF 向 4NF 的过渡中，应消除多值依赖，4NF 向 5NF 的过渡中，应消除连接依赖。注意：因现在多值依赖暂不成立，所以，应先消除连接依赖。

第六步：保留原来的 4NF，并去掉上一步的连接依赖。

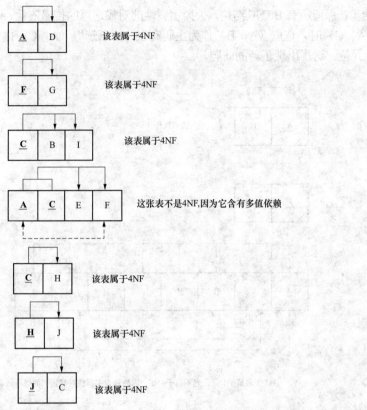

第七步：此时多值依赖成立，保留原来的 4NF，去掉上一步的多值依赖。

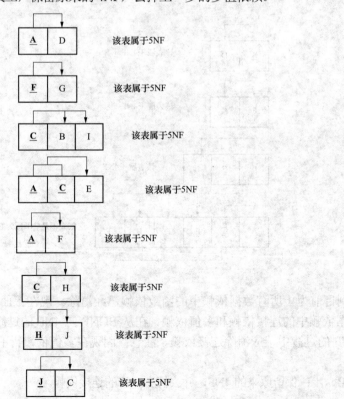

从规范化我们已经清楚了需要 8 张表，下面我们再现其陈氏 E-R 模型，如下图所示：

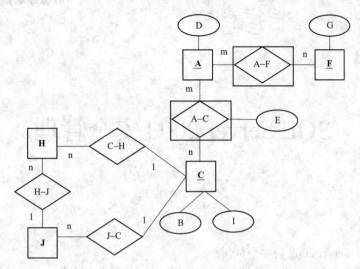

补充说明，规范化的基本思想如下：

（1）消除不合适的数据依赖的各关系模式达到某种程度的"分离"。

（2）采用"一事一地"的模式设计原则，让一个关系描述一个概念、一个实体或者实体间的一种联系。若多于一个概念就把它"分离"出去。

（3）所谓规范化实质上是概念的单一化。

（4）不能说规范化程度越高，关系模式就越好。

（5）在设计数据库模式结构时，必须对现实世界的实际情况和用户应用需求做一步分析，确定一个合适的、能够反映现实世界的模式。

（6）上面的规范化步骤可以在其中任何一步终止。数据库的设计只有好坏之分，没有对错之分。学习规范化理论的目的是为了设计一个"好"的数据库，但要根据实际情况，适可而止。

3.3 小　　结

数据库中表对象的设计不是凭空设想的，规范化理论是数据库设计的理论基础，本章主要讲解了函数依赖和范式的定义，以及各种范式的具体应用。通过本章的学习，应该学会如何规范化设计一个"好"的数据库，从而为将来的设计规范化的数据库奠定坚实的理论基础。

第 4 章

SQL Server 2008 安全管理

本章导读

⇒ 理解 SQL Server 2008 的安全机制。

⇒ 了解登录和用户的概念，掌握常用的权限管理和角色管理操作。

⇒ 培养良好的数据库安全意识，以及制定合理的数据库安全策略。

4.1　SQL Server 的安全性机制

对于任何数据库的使用者而言，首先，考虑的问题是数据库的安全性，所谓安全性是指根据用户的权限不同来决定用户是否可以登录到当前的 SQL Server 2008 数据库，以及可以对数据库对象实施哪些操作。在介绍安全管理之前，首先看一下 SQL Server 是如何保证数据库安全性的，即了解 SQL Server 安全机制。

4.1.1　权限层次机制

SQL Server 2008 的安全性管理可分为 3 个等级：①操作系统级；②SQL Server 级；③数据库级。

4.1.2　操作系统级的安全性

在用户使用客户计算机通过网络实现 SQL Server 服务器的访问时，用户首先要获得计算机操作系统的使用权。

一般说来，在能够实现网络互联的前提下，用户没有必要向运行 SQL Server 服务器的主机进行登录，除非 SQL Server 服务器就运行在本地计算机上。SQL Server 可以直接访问网络端口，所以可以实现对 Windows NT 安全体系以外的服务器及其数据库的访问。

操作系统安全性是操作系统管理员或者网络管理员的任务。由于 SQL Server 采用了集成 Windows NT 网络安全性机制，所以使得操作系统安全性的地位得到提高，但同时也增加了管理数据库系统安全性的灵活性和难度。

4.1.3　SQL Server 级的安全性

SQL Server 的服务器级安全性是有服务器登录名和登录口令控制。SQL Server 登录方式有两种：标准 SQL Server 登录和集成 Windows NT 登录。无论选择哪种登录方式，用户能否获得 SQL Server 的访问权限以及登录成功之后拥有使用权限，都是由用户登录是用的账号和口令决定。

4.1.4　数据库级的安全性

在用户通过 SQL Server 服务器的安全性认证之后，将需要接受不同的数据库入口对用户的第三次安全性认证，即数据库级的安全性认证。

在建立用户的登录账号信息时，SQL Server 会提示用户选择默认的数据库。以后用户每次连接上服务器后，都会自动转到默认的数据库上。master 数据库是比较特殊的一种数据库，任何用户都有访问 master 的权限，若是在设置登录账号时没有指定默认的数据库，则用户的权限将局限在 master 数据库以内。

在默认的情况下，只有数据库的拥有者才可以访问该数据库的对象，数据库的拥有者可以分配访问权限给别的用户，以便让别的用户也拥有针对该数据库的访问权力，在 SQL Server 中并不是所有的权力都可以转让分配的。

4.2　服务器和数据库认证

4.2.1　服务器认证

在用户访问 SQL Server 2008 数据库器之前，首先要进行服务器认证，操作系统本身或数据库服务器对来访用户进行身份合法性验证，用户只有通过服务器认证后，才能连接到 SQL Server 2008 服务器，否则，服务器将拒绝用户对数据库的连接。

SQL Server 2008 支持的服务器认证模式共有 3 类，分别是 Windows 认证模式、SQL Server 2008 认证模式和混合认证模式。

1.　Windows 认证模式

Window 认证模式是 Windows NT 或 Windows 2000 以上版本的用户账号安全性检测系统，如安全合法性、口令加密、对密码最小长度进行限制等。

2.　SQL Server 2008 认证模式

SQL Server 2008 认证模式下，用户连接 SQL Server 2008 时必须提供 SQL Server 2008 管理员为其设定的登录名和密码。用户认证由 SQL Server 2008 自身完成。只有用户输入正确的用户名和密码后才可以连接登录 SQL Server 2008 服务器。

3.　混合认证模式

在混合认证模式下，Windows 认证和 SQL Server 2008 认证都可以使用，它是两种认证模式的有机结合。

4.2.2　数据库认证

当用户通过服务器认证后，正常来说就可以直接操作 SQL Server 2008 内部数据库，但由于 SQL Server 2008 是客户端/服务器型数据库服务平台，存在多用户对 SQL Server 数据库具有访问权限，如果每个用户只通过服务器认证后，就可以对 SQL Server 2008 中所有的数据进行访问，这样对于数据而言没有任何安全性。所以，在访问 SQL Server 2008 之前，还必须进行数据库认证，使得具有使用数据库权限的用户取得应有的权限。

1.　数据库用户

SQL Server 2008 是以数据库用户为依据来决定来访用户具有哪些使用权限。当用户认证通过之后，SQL Server 2008 将对认证的用户进行访问权限的判定，赋予访问用户可以操作的权限。

在一个数据库中，来访用户的数据库用户是唯一的。对数据的访问权限以及对数据库对象的所有关系使用都是通过用户账号取得的权限来控制的。数据库用户是基于数据库本身的属性，即两个不同的数据库中可以存在相同的数据库用户账号。一个合法的用户成功连接 SQL Server 2008 数据库后，可以使用不同数据库用户名访问不同的数据库。

2. 权限

权限是指数据库用户对数据库中对象可以执行哪些操作。在 SQL Server 2008 中，权限共有 3 种，分别是对象权限、语句权限和暗示性权限。

对象权限：对数据库执行查询和处理数据时所使用的权限。如 SELECT、INSERT、DELETE、UPDATE。

语句权限：用户在创建数据库或数据库对象时要使用的权限。如 CREATE DATABASE、CREATE TABLE 等。

暗示性权限：用来控制那些只能由于定义系统角色的成员或数据库对象所能执行的操作，如 sysadmin 固定服务器角色成员在 SQL Server 2008 安装中进行操作或查看数据的全部权限。

4.3 登录账号的管理

登录账号属于服务器级的安全策略，如果想要连接到数据库，必须创建一个合法的登录账号。管理员可以利用 T-SQL 来管理登录账号，即对登录账户的创建、修改、删除等。登录账号主要存储在数据库的 syslogins 系统表中。在创建账号的过程中，管理员可以为每个用户指定一个默认的数据库。用户在每次登录 SQL Server 2008 时默认访问该数据库，对登录账户可以使用 Management Studio 和 T-SQl 代码进行管理。下面介绍使用 Management Studio 管理登录账户。

[案例1] 使用 Management Studio 进行登录账号的管理。

案例分析：具体操作步骤如下：

（1）打开 Management Studio 管理工具，弹出"连接到服务器"对话框，在该对话框中，可以对服务器类型、服务器名称、身份验证方式进行选择，如图 4-1 所示。

图 4-1 "连接到服务器"对话框

（2）在这里采用默认设置，然后单击"连接"按钮，就可以连接并打开 Microsoft SQL Server Manager 管理器，如图 4-2 所示。

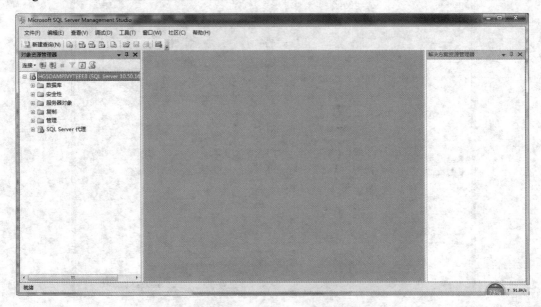

图 4-2 Microsoft SQL Server Manager 管理器

（3）在"对象资源管理器"中，单击"安全性"前面的"+"号，选择"登录名"并单击右键，弹出右键菜单，如图 4-3 所示。

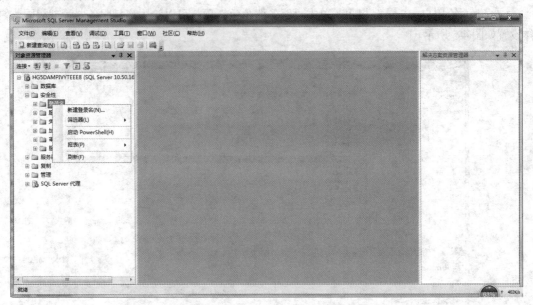

图 4-3 右键单击"新建登录名"对话框

（4）单击右键菜单栏中的"新建登录名"命令，弹出"新建登录名"对话框，如图 4-4 所示。

（5）创建登录账户，登录账户有两种方式，一种是 Windows 身份验证，另一种是 SQL Server 身份验证。如果选择 Windows 身份验证，则要输入一个 Windows 用户名。但在实际的应用程序中都使用 SQL Server 身份验证。

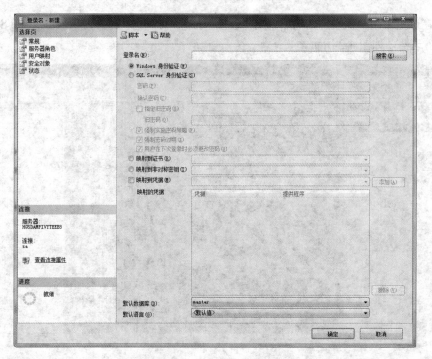

图 4-4 "新建登录名"对话框

（6）设置登录名及其密码，当然，还可以进一步设置默认数据库和默认语言，在这里登录名为 shuju，密码为 123456，其他项为默认。

（7）下面给用户 shuju 赋权限，单击"服务器角色"项就可以给用户赋服务器管理权限，具体设置如图 4-5 所示。

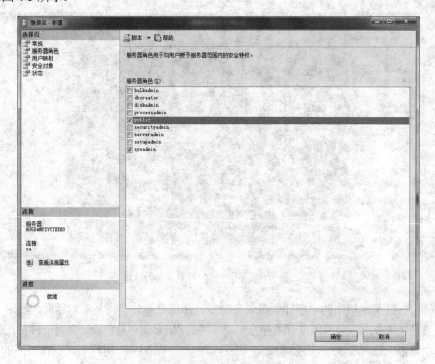

图 4-5 给用户赋服务器管理权限

（8）给用户指定具体数据库及数据库权限。单击"用户映射"项就可以设置具体数据库及数据库权限，具体设置如图 4-6 所示。

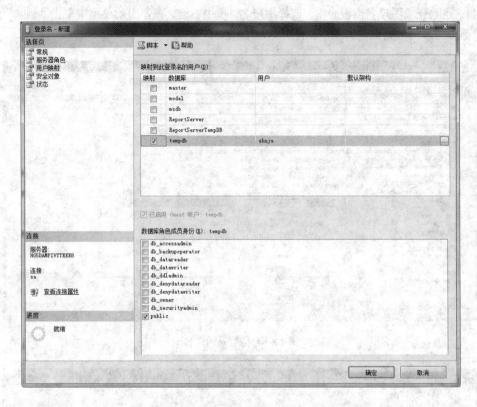

图 4-6 给用户指定具体数据库及数据库权限

（9）设置好后，单击"确定"按钮即可。这样，就可以看到创建的登录用户 shuju，如图 4-7 所示。

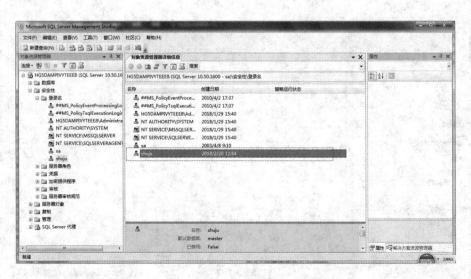

图 4-7 创建登录用户 shuju

（10）修改登录用户名很简单。选择用户名，单击右键，在弹出的菜单中单击"重命名"命令就可以修改登录用户名了。

（11）删除登录用户名也很简单，选择用户名，单击右键，在弹出的菜单中单击"删除"命令，弹出"删除对象"对话框，如图4-8和图4-9所示。

图4-8　删除登录用户名

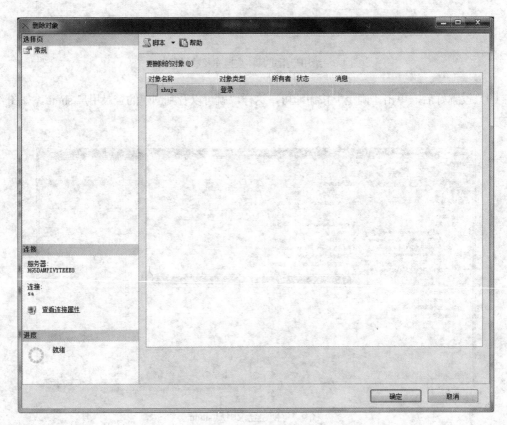

图4-9　"删除对象"对话框

（12）单击"确定"按钮就可以删除登录用户。

4.4　数据库用户的管理

数据库用户是数据库级的安全策略，在为数据库创建新的用户前，必须存在创建用户的一个登录或者使用已经存在的登录创建用户。对数据库用户可以使用 Management Studio 和 T-SQl 代码进行管理。下面介绍使用 Management Studio 管理数据库用户。

可以使用 Management Studio 进行数据库用户的管理，也可以使用 T-SQL 代码来进行数据库用户的管理。

[案例 2]　使用 Management Studio 进行数据库用户的管理。

案例分析：具体操作步骤如下：

（1）打开 Management Studio 管理工具，并连接到目标服务器，在"对象资源管理器"窗口中，单击"数据库"节点前的"+"号，展开数据库节点。单击要创建用户的目标数据节点前的"+"号，展开目标数据库节点（如：test。单击"安全性"节点前的"+"号，展开"安全性"节点。在"用户"上单击鼠标右键，弹出快捷菜单，从中选择"新建用户（N）…"命令，如图 4-10 所示。

图 4-10　利用对象资源管理器创建用户

（2）出现"数据库用户－新建"对话框，在"常规"页面中，填写"用户名"，选择"登录名"和"默认架构"名称。添加此用户拥有的架构，添加此用户的数据库角色。如图 4-11 所示。

（3）在"数据库用户－新建"对话框的"选择页"中选择"安全对象"，进入权限设置页面（即"安全对象"页面），如图 4-12 所示。"安全对象页面"主要用于设置数据库用户拥有的能够访问的数据库对象以及相应的访问权限。单击"添加"按钮为该用户添加数据库对象，并为添加的对象添加显示权限。

（4）最后，单击"数据库用户－新建"对话框底部的"确定"，完成用户创建。

数据库原理与 Web 应用

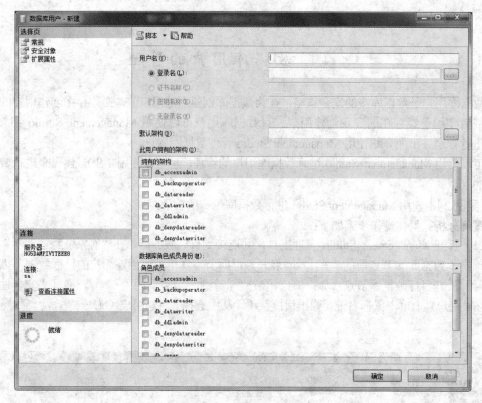

图 4-11　新建数据库用户

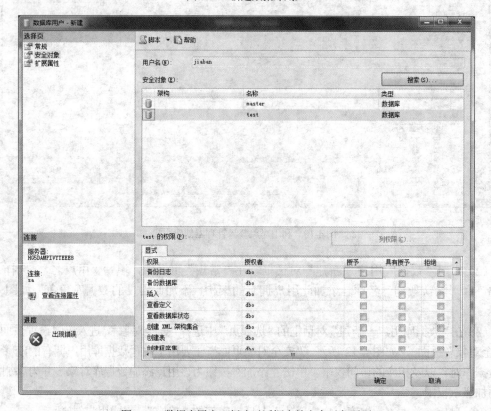

图 4-12　数据库用户—新建对话框中的安全对象页面

68

4.5 权 限 管 理

权限用于控制对数据库对象的访问，以及指定用户对数据库可以执行的操作，用户可以设置服务器和数据库的权限。服务器权限允许数据库管理员执行管理任务，数据库权限用于控制对数据库对象的访问和语句执行。

4.5.1 服务器权限

服务器权限允许数据库管理员执行任务。这些权限定义在固定服务器角色（Fixed Server Roles）中。这些固定服务器角色可以分配给登录用户，但这些角色是不能修改的。一般只把服务器权限授给 DBA（数据库管理员），他不需要修改或者授权给别的用户登录。我们将在后面讲解角色管理时，详细地介绍服务器的相关权限和配置。

4.5.2 数据库对象权限

数据库对象是授予用户以允许他们访问数据库中对象的一类权限，对象权限对于使用 SQL 语句访问表或者视图是必须的。

[案例 3] 数据库对象权限管理。

案例分析： 具体步骤如下：

（1）打开 Management Studio 管理工具，并连接到目标服务器。依次单击"对象资源管理器"窗口中树型节点前的"+"号，直到展开目标数据库（如 test 数据库）的"用户"节点为止，如图 4-13 所示。在"用户"节点下面的目标用户上单击鼠标右键，弹出快捷菜单，从中选择"属性（R）"命令。

图 4-13 利用"对象资源管理器"为用户添加对象权限

（2）出现"数据库用户"对话框，选择左侧"选择页"窗口中的"安全对象"项，进入权限设置页面，单击"添加（A）…"按钮，如图 4-14 所示。

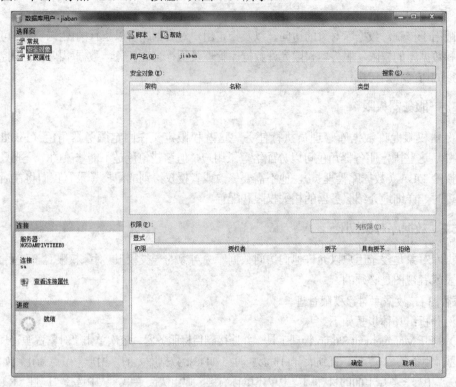

图 4-14　"数据库用户"对话框

（3）出现"添加对象"对话框，如图 4-15 所示，单击要添加的对象类别前的单选按钮，添加权限的对象类别，然后单击"确定"按钮。

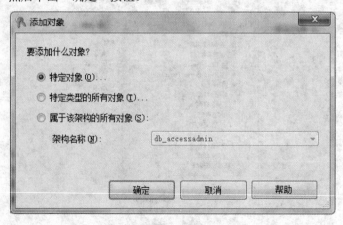

图 4-15　"添加对象"对话框

（4）出现"选择对象"对话框，如图 4-16 所示，从中单击"对象类型"按钮。

（5）出现"选择对象类型"对话框，依次选择需要添加权限的对象类型前的复选框，选中其对象，如图 4-17 所示。最后单击"确定"按钮。

（6）回到"选择对象"对话框，此时在该对话框中出现了刚才选择的对象类型，如图 4-18 所示，单击该对话框中的"浏览（B）…"按钮。

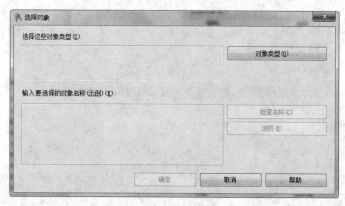

图 4-16　"选择对象"对话框

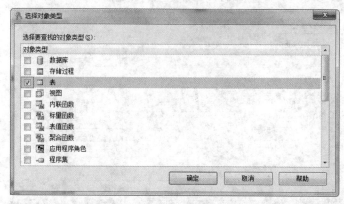

图 4-17　"选择对象类型"对话框

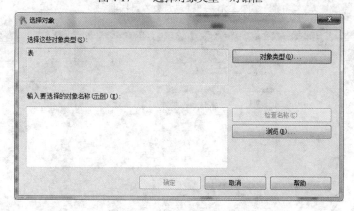

图 4-18　"选择对象"对话框

（7）出现"查找对象"对话框，依次选择要添加权限的对象前的复选框，选中其对象，如图 4-19 所示。最后单击"确定"按钮。

（8）又回到"选择对象"对话框，并且已包含了选择的对象，如图 4-20 所示。确定无误后，单击该对话框中的"确定"按钮，完成对象选择操作。

（9）又回到"数据库用户"对话框窗口，此窗口中已包含用户添加的对象，依次选择每一个对象，并在下面的该对象的"显示权限"窗口中根据需要选择"授予/拒绝"列的复选框，添加或禁止对该（表）对象的相应访问权限。设置完每一个对象的访问权限后，单击"确定"按钮，完成给用户添加数据库对象权限所有操作，如图 4-21 所示。

图 4-19　"查找对象"对话框

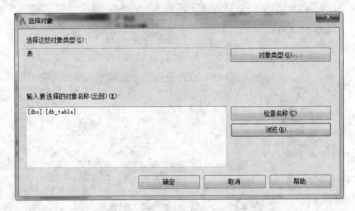

图 4-20　"选择对象"对话框

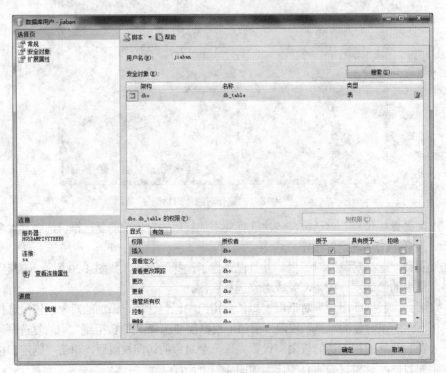

图 4-21　"数据库用户"对话框

4.5.3　数据库权限

对象权限使用用户能够访问存在于数据库中的对象，除了数据库对象权限外，还可以给用户分配数据库权限。

［案例4］　使用 Management Studio 给用户添加数据库权限。

案例分析：具体操作步骤如下：

（1）打开 Management Studio 管理工具，并连接到目标服务器，在"对象资源管理器"窗口中，单击服务器前的"+"号，展开服务器节点。单击"数据库"前的"+"号，展开数据库节点。在要给用户添加数据库权限的目标数据库上单击鼠标右键，弹出快捷菜单，如图 4-22 所示，从中选择"属性（R）"命令。

图 4-22　利用"对象资源管理器"为用户添加数据库权限

（2）出现"数据库属性"对话框窗口，选择左侧"选择页"窗口中的"权限"项，进入如图 4-23 所示的权限设置页面，在该页面的"用户或角色（U）"中选择要添加数据库权限的用户，如果该用户不在列表中，请单击"添加（A）…"按钮，添加该用户到当前数据库中。然后在该用户的"…的权限（p）"中添加相应的数据库权限。最后单击"确定"按钮，完成操作。

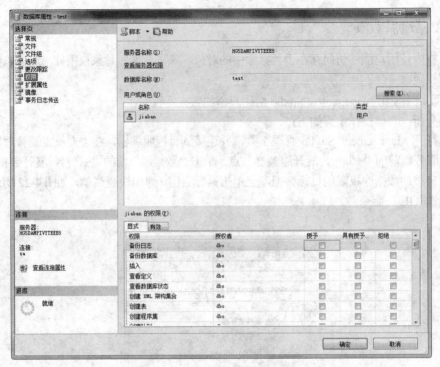

图 4-23　"数据库属性"对话框的权限页面

4.6　角　色　管　理

为了方便管理员使用 SQL Server 2008 数据库中数据的管理权限，在 SQL Server 2008 中引入了角色这个概念，数据库管理员可以根据实际应用的需要，给角色授予数据库的访问权限，在创建用户后，把用户添加到角色下，这样，用户就具有角色所具有的权限。在 SQL Server 2008 中，角色分为服务器角色和数据库角色两种。

4.6.1　服务器角色

服务器角色是指根据 SQL Server 2008 管理任务以及这些任务相对的重要性等级进行划分，不同的角色具有 SQL Server 2008 不同的管理职能和管理权限。注意，服务器角色只适用于服务器范围内，并且其权限不能被修改。在 SQL Server 2008 中共有 9 个服务器角色。具体如图 4-24所示。

服务器的功能如下：

（1）bulkadmin：可以执行插入操作。

（2）dbcreator：可以创建更改数据库。

（3）diskadmin：可以管理磁盘文件。

（4）processadmin：可以管理运行在 SQL Server 2008 中的进程。

（5）securityadmin：可以管理服务器的登录。

（6）serveradmin：可以配置服务器范围的设置。

（7）setupadmin：可以管理扩展的存储过程。

（8）sysadmin：可以执行 SQL Server 安装中的任何操作。

图 4-24　服务器角色

（9）public：有两大特点，第一，初始状态时没有权限；第二，所有的数据库用户都是它的成员。

4.6.2　数据库角色

在 SQL Server 2008 中，可以新建数据库角色，也可以使用已存在的数据库角色。固定的数据库角色有 10 个，具体如图 4-25 所示。

图 4-25　固定的数据库角色

数据库各角色的功能如下：

（1）db_accessadmin：可以增加或删除 Windows NT 认证模式下用户或用户组以及 SQL Server 2008 用户。

（2）db_backupoperator：可以备份数据库。

（3）db_datareader：能且仅能对数据库中任何表进行 Select 操作，从而读取所有表的信息。

（4）db_datawriter：能对数据库中任何表进行 Insert、Delete、Updata 操作，但不能进行 Select 操作。

（5）db_ddladmin：可以新建、删除、修改数据库中任何对象。

（6）db_denydatareader：不能对数据库中任何表进行 Select 操作。

（7）db_denydatawriter：不能对数据库中任何表进行 Insert、Delete、Updata 操作，但不能进行 Select 操作。

（8）db_owner：数据库中的所有者，可以执行任何数据库管理工作，可以对数据库中的任何对象进行任何操作。

（9）db_securityadmin：管理数据库中权限的 Grant、Deny、Revoke 操作，即对语句、对象、角色权限的管理。

（10）public：是一个特殊的角色，它包含所有的数据库用户账号和角色所拥有的访问权限，这种权限的继承关系不能改变。管理员应该特别注意给该角色赋权限。

数据库角色能为某一用户，或一组用户授予不同级别的管理、访问数据库或数据对象的权限。这些权限是基于 SQL Server 2008 数据库专有的，而且，还可以使一个用户具有属于同一数据库的多个角色。

4.6.3 创建、删除服务器角色成员

在 SQL Server 中，对服务器角色只能有两种操作，向服务器角色中添加成员、或删除服务器角色中的成员。

[案例5] 使用 Management Studio 进行服务器角色成员的管理。

案例分析：具体操作步骤如下：

（1）在"对象资源管理器"中，单击服务器前的"+"号，展开服务器节点。单击"安全性"节点前的"+"号，展开安全性节点。这时在次节点下面可以看到固定服务器角色，如图 4-26 所示，在要给用户添加的目标角色上单击鼠标右键，弹出快捷菜单，从中选择"属性（R）"命令。

图 4-26 利用"对象资源管理器"为用户分配固定服务器角色

（2）出现"服务器角色属性"对话框，如图 4-27 所示，单击"添加（D）…"按钮。

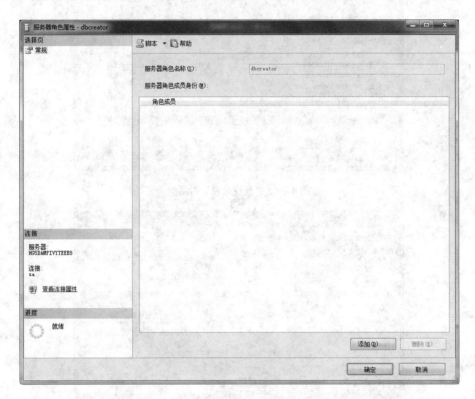

图 4-27　服务器角色属性对话框

（3）出现"选择登录名"对话框，如图 4-28 所示，单击"浏览（B）…"按钮。

图 4-28　选择登录名对话框

（4）出现"查找对象"对话框，在该对话框中，选择目标用户前的复选框，选中其用户，如图 4-29 所示，最后单击"确定"按钮。

（5）回到"选择登录名"对话框，可以看到选中的目标用户已包含在对话框中，确定无误后，如图 4-30 所示，单击"确定"按钮。

（6）回到"服务器角色属性"对话框，如图 4-31 所示。确定添加的用户无误后，单击"确定"按钮，完成为用户分配角色的操作。

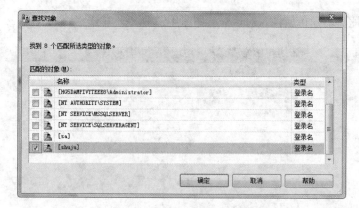

图 4-29　"查找对象"对话框

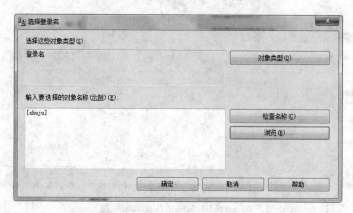

图 4-30　"选择登录名"对话框

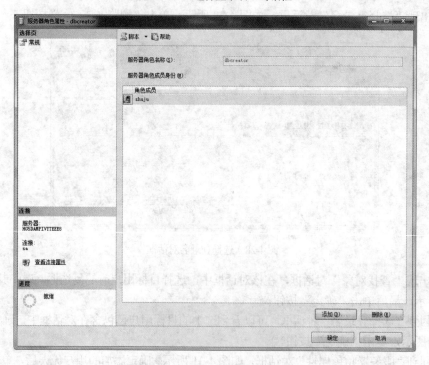

图 4-31　"服务器角色属性"对话框

4.6.4　创建、删除数据库角色成员

在 SQL Server 2008 中，有两种数据库角色，一种是预定义的数据库角色，另一种是自定义的数据库角色。

预定义的数据库角色是在 SQL Server 2008 中已经定义好的具有管理访问数据库管理权限的角色。不能对于定义数据库角色进行任何的权限修改，也不能删除这些角色。

自定义的数据库角色可以使用用户实现对多数据库操作的某一特定功能，具体如下特点：

（1）SQL Server 2008 数据库角色可以包含多个用户。

（2）在同一个数据库中，用户可以有不同的自定义角色，这种角色的组合是自由的。

（3）角色可以进行嵌套，从而在数据库实现不同级别的安全性。

［案例6］　使用 Management Studio 进行数据库角色色成员的管理。

案例分析：具体操作步骤如下：

（1）打开 Management Studio 管理工具，并连接到目标服务器。依次单击"对象资源管理器"窗口中树型节点前的"+"号，直到展开目标数据库的"数据库角色"节点为止，如图 4-32 所示。在"数据库角色"节点上单击鼠标右键，弹出快捷菜单，从中选择"新建数据库角色（N）…"命令。

图 4-32　新建数据库角色

（2）单击"新建数据库角色（N）…"命令，弹出"数据库角色—新建"对话框，并在"角色名称（N）"选项上填写所要创建的数据库角色的名称（例如，r1）。如图 4-33 所示。

（3）单击"所有者（O）"后面的"…"展开按钮，弹出"选择数据库用户或角色"对话框。如图 4-34 所示。

（4）单击"浏览（B）…"按钮，弹出"查找对象"对话框，并在需要的对象前面勾择，并单击确定按钮，返回"选择数据库用户或角色"对话框，检查无误，单击"确定"按钮，返回"数据库角色—新建"对话框，检查无误，单击"确定"按钮，完成新建数据库角色操作。如图 4-35 所示。

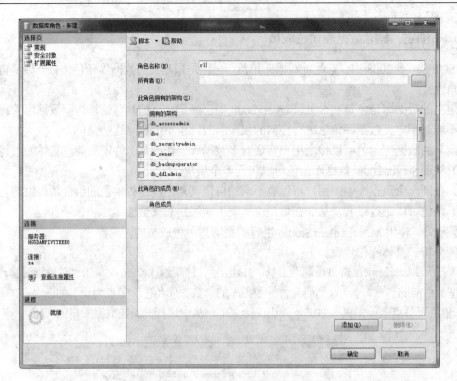

图 4-33 "数据库角色—新建"对话框

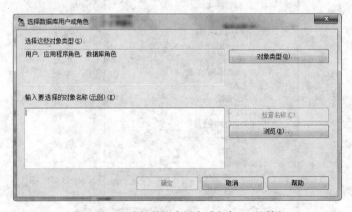

图 4-34 "选择数据库用户或角色"对话框

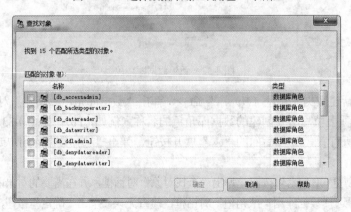

图 4-35 "查找对象"对话框

　　（5）右键单击"对象资源管理器"窗口中的"数据库角色"节点下的目标数据库角色，弹出
快捷菜单，并从中选择"删除（D）"命令，如图 4-36 所示。

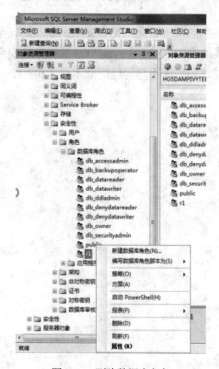

图 4-36　删除数据库角色

　　（6）单击"删除（D）"命令，弹出"删除对象"对话框，并单击"确定"按钮完成删除操作。
如图 4-37 所示。

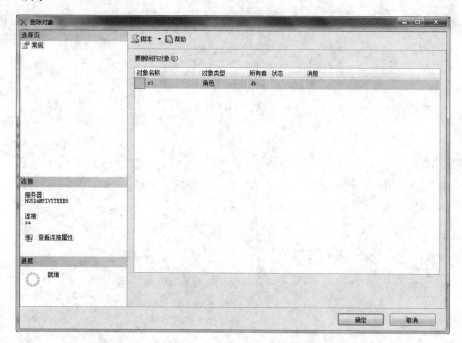

图 4-37　删除对象对话框

4.7 小　　结

本章讲解了数据库安全控制的基本概念；SQL Server 2008 的安全体系结构，包括安全控制策略，身份验证模式，验证模式的设置；SQL Server 2008 数据库的安全性管理，包括数据库系统登录管理中管理模式和管理方法，数据库用户管理的基本概念和方法，数据库系统的角色管理和权限管理。

第 5 章

SQL Server 2008 数据库创建和备份

本章导读

▶ 掌握 SQL Server 2008 数据库的基本概念，熟练掌握用 Management Studio 和 T-SQL 语句创建、查看、修改和删除数据库的各种方法和步骤。

▶ 了解 SQL Server 2008 表的基本知识；掌握表的创建、修改和删除操作；熟练掌握记录的插入、删除和修改操作。

▶ 了解索引的基本知识，掌握索引的创建和删除操作。

5.1 SQL Server 2008 数据库概述

5.1.1 数据库的定义

数据库是对象的容器，以操作系统文件的形式存储在磁盘上。它不仅可以存储数据，而且能够使数据存储和检索以安全可靠的方式进行。一般包含关系图、表、视图、存储过程、用户、角色、规则、默认、用户自定义数据类型和用户自定义函数等对象。

5.1.2 SQL Server 2008 数据库

SQL Server 数据库分为：系统数据库、实例数据库和用户数据库。

1. 系统数据库

（1）Master 数据库。记录 SQL Server 2008 实例的所有系统级信息，定期备份，不能直接修改。

（2）Tempdb 数据库。用于保存临时对象或中间结果集以供稍后的处理，SQL Server 2008 关闭后该数据库清空。

（3）Model 数据库。用作 SQL Server 2008 实例上创建所有数据库的模板。对 model 数据库进行的修改（如数据库大小、排序规则、恢复模式和其他数据库选项）将应用于以后创建的所有数据。

（4）Msdb 数据库。用于 SQL Server 2008 代理计划警报和作业，是 SQL Server 中的一个 Windows 服务。

（5）Resource 数据库。一个只读数据库，包含 SQL Server 2008 包括的系统对象。系统对象在物理上保留在 Resource 数据库中，但在逻辑上显示在每个数据库的 sys 架构中。

2. 示例数据库

AdventureWorks/AdventureWorks DW 是 SQL Server 2008 中的示例数据库（如果在安装过程中选择安装了的话）。此数据库基于一个生产公司，以简单、易于理解的方式来展示 SQL Server 2008 的新功能。

3. 用户数据库

用户根据数据库设计创建的数据库。如图书管理系统数据库（LIBRARY）。

5.1.3 数据库文件

数据库的内模式（物理存储结构）。数据库在磁盘上是以文件为单位存储的，由数据文件和事务日志文件组成。

1. 主数据文件（.mdf）

主数据文件包含数据库的启动信息，并指向数据库中的其他文件；存储用户数据和对象；每个数据库有且仅有一个主数据文件。

2. 次数据文件（.ndf）

次数据文件也称辅助数据文件，存储主数据文件未存储的其他数据和对象；可用于将数据分散到多个磁盘上。如果数据库超过了单个 Windows 文件的最大值，可以使用次数据文件，这样数据库就能继续增长；可以没有，也可以有多个；名字尽量与主数据文件名相同。

3. 事务日志文件（.ldf）

保存用于恢复数据库的日志信息；每个数据库至少有一个日志文件，也可以有多个。

5.1.4 数据库文件组

为了便于分配和管理，SQL Server 2008 允许将多个文件（不同的磁盘）归纳为同一组，并赋予此组一个名称；与数据库文件一样，文件组也分为主文件组（Primary File Group）和次文件组（Secondary File Group）；

主文件组包含系统表和主数据文件，是默认的数据文件组。

5.2 创 建 数 据 库

SQL Server 2008 创建数据库的方法有两种：使用 SSMS 图形界面和使用 T-SQL 代码。

[案例1]　使用 Management Studio 创建数据库。

案例分析： 具体操作步骤如下：

（1）打开 Management Studio 管理工具，并连接到目标服务器，在"对象资源管理器"窗口中，单击"数据库"前面的"+"号，并右键单击"数据库"，从弹出的快捷菜单中选择"新建数据库"选项，如图 5-1 所示。

（2）在窗口中根据提示输入该数据库的相关内容，如数据库名称、所有者、文件初始大小、自动增长值和保存路径（例如：修改为 D：\dataBase 目录下）等。

下面以创建第 2 章的产品营销数据库为例详细说明各项的应用。

例如：创建图书系统数据库，数据库名称 Library。主数据文件默认保存路径为 C：\Program Files\Microsoft SQL Server\MSSQL\data\数据文件；日志文件默认保存路径为 C：\Program Files\Microsoft SQL Server\MSSQL\data\日志文件。主数据文件初始大小为 3MB，最大尺寸为 10MB，增长速度为 10%；日志文件的初始大小为 1MB，最大尺寸为 2MB，增长速度为

10%。

图 5-1　"新建数据库"对话框的"常规"选项卡

当然，可以单击 $\boxed{\cdots}$ 按钮更改数据库的自动增加方式。如图 5-2 所示。

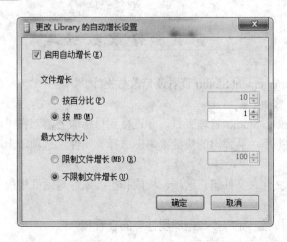

图 5-2　"更改 Library 的自动增长设置"对话框

（3）单击"新建数据库"对话框中"常规"选项卡中的"确定"按钮，系统开始创建数据库，创建成功后，当回到 Management Studio 中的对象资源管理器时，刷新其中的内容，在"对象资源管理器"的"数据库"节点中就会显示新创建的数据库 Library，如图 5-3 所示。

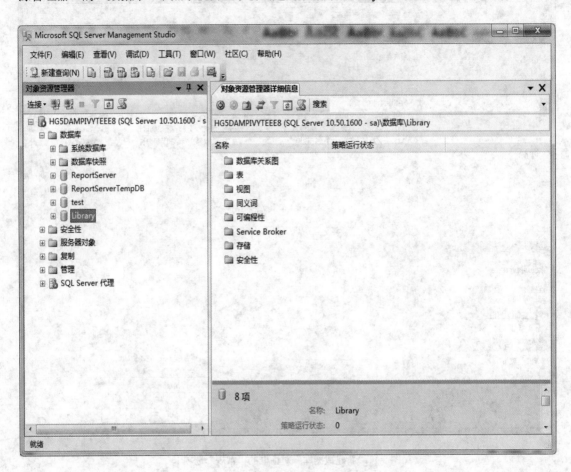

图 5-3　新建 Library 数据库示意图

5.3　查看和修改数据库

[案例 2]　使用 Management Studio 查看或修改数据库。

案例分析：具体步骤如下：

（1）打开 Management Studio 管理工具，并连接到目标服务器。在"对象资源管理器"窗口中，右击所要修改的数据库，从弹出的快捷菜单中选择"属性"选项，出现如图 5-4 所示的"数据库属性"设置对话框。

可以分别在常规、文件、文件组、选项、权限和扩展属性对话框里根据要求来查看或修改数据库的相应设置。

（2）单击"确定"按钮，完成"数据库属性"的查看和修改。

图 5-4　"数据库属性"对话框

5.4　删除数据库

[**案例 3**]　使用 Management Studio 删除数据库。

案例分析：具体步骤如下：

（1）打开 Management Studio 管理工具，并连接到目标服务器。在"对象资源管理器"窗口中，在目标数据库上单击鼠标右键，弹出快捷菜单，选择"删除"命令。

（2）出现"删除对象"对话框，确认是否为目标数据库，并通过选择复选框决定是否要删除备份以及关闭已存在的数据库连接，如图 5-5 所示。

（3）单击"确定"按钮，完成数据库删除操作。

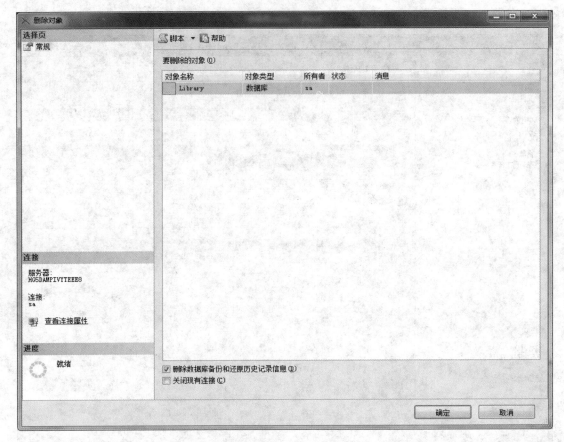

图 5-5 "删除对象" 对话框

5.5 SQL Server 2008 表的基本知识

5.5.1 表的基本概念

在为一个数据库设计表之前,应该完成需求分析,确定概念模型,将概念模型转换为关系模型,关系模型中的每一个关系对应数据库中的一个表。表是数据库对象,用于存储实体集和实体间联系的数据。SQL Server 2008 表主要由列和行构成。

列:每一列用来保存对象的某一类属性。

行:每一行用来保存一条记录,是数据对象的一个实例。

5.5.2 表的类型

SQL Server 2008 除了提供了用户定义的标准表外,还提供了一些特殊用途的表:分区表、临时表和系统表。

(1)分区表。当表很大时,可以水平地把数据分割成一些单元,放在同一个数据库的多个文件组中。用户可以通过分区快速地访问和管理数据的某部分子集而不是整个数据表,从而便于管理大表和索引。

(2)临时表。有两种临时表:局部临时表和全局临时表。局部临时表只是对一个数据库实例的一次连接中的创建者是可见的。在用户断开数据库的连接时，局部临时表就被删除。全局临时表创建后对所有的用户和连接都是可见的，并且只有所有的用户都断开临时表相关的表时，全局临时表才会被删除。

（3）系统表。系统表用来保存一些服务器配置信息数据，用户不能直接查看和修改系统表，只有通过专门的管理员连接才能查看和修改。不同版本的数据库系统的系统表一般不同，在升级数据库系统时，一些应用系统表的应用可能需要重新改写。

5.5.3 表的数据类型

表的数据类型见表 5-1。

表 5-1   表 的 数 据 类 型

数据类型		系统数据类型	应用说明
二进制		image	图像、视频、音乐
		binary [（n）]	标记或标记组合数据
		varbinary [（n）]	同上（变长）
精确数字	精确整数	bigint	长整数$-2^{63}\sim2^{63}-1$
		int	整数$-2^{31}\sim2^{31}-1$
		smallint	短整数$-2^{15}\sim2^{15}-1$
		tinyint	更小的整数 0～255
	精确小数	decimal [（p [，s]）]	小数，p: 最大数字位数 s: 最大小数位数
		numeric [（p [，s]）]	同上
	近似数字	float [（n）]	$-1.79E+308\sim1.79E+308$
		real	$-3.40E+38\sim3.40E+38$
字符		char [（n）]	定长字符型
		varchar [（n）]	变长字符型
		text	变长文本型，存储字符长度大于 8000 的变长字符
Unicode		nchar [（n）]	unicode 字符（双倍空间）
		nvarchar [（n）]	unicode 字符（双倍空间）
		ntext	unicode 字符（双倍空间）
日期和时间		datetime	1753-1-1～9999-12-31（12:00:00）
		smalldatetime	1900-1-1～2079-6-6
货币		money	$-2^{63}\sim2^{63}-1$（保留小数点后四位）
		smallmoney	$-2^{31}\sim2^{31}-1$（保留小数点后四位）
特殊		bit	0/1，判定真或假
		timestamp	自动生成的惟一的二进制数，修改该行时随之修改，反应修改记录的时间
		uniqueidentifier	全局惟一标识（GUID），十六进制数字，由网卡/处理器 ID 以及时间信息产生，用法同上
用户自定义		用户自行命名	用户可创建自定义的数据类型

5.5.4 表的完整性体现

（1）主键约束体现实体完整性，即主键各列不能为空且主键作为行的唯一标识。

（2）外键约束体现参照完整性。

（3）默认值和规则等体现用户定义的完整性。

5.5.5 表的设计

设计表时需要确定如下内容：

（1）表中需要的列以及每一列的类型（必要时还要有长度）。

（2）列是否可以为空。

（3）是否需要在列上使用约束、默认值和规则。

（4）需要使用什么样的索引。

（5）哪些列作为主键。

5.6 创 建 表

[案例 4] 使用 Management Studio 创建数据库。

案例分析：具体操作步骤如下：

（1）打开 Management Studio 管理工具，并连接到目标服务器。在"对象资源管理器"窗口中，展开"数据库"节点，再展开所选择的具体数据库节点，右键单击"表"节点，选择"新建表"命令，进入表设计器即可进行表的定义。

例如：在某市场管理部（参见第 2 章 2.5 的案例分析），其产品营销关系数据库模式为：

Product（Model，Maker，Type）

PC（Model，Speed，Ram，Hd，Cd，Price）

Laptop（Model，Speed，Ram，Hd，Screen，Price）

Printer（Model，Color，Type，Price）

创建该产品营销系统的数据库（PPLP）中的 Product 表、PC 表、Laptop 表和 Printer 表。

（2）在"对象资源管理器"窗口中，展开"数据库"下的 PPLP 节点，右键单击"表"节点，选择"新建表"命令，进入表设计器，在表设计器的第一列中输入列名，第二列选择数据类型，第三列选择是否为空。如图 5-6～图 5-9 所示。

HG5DAMPIVYTEEE8.PPLP - dbo.Table_1*	对象资源管理器详细信息	
列名	数据类型	允许 Null 值
▶ Model	nchar(10)	☐
maker	nchar(20)	☑
type	nchar(30)	☑
		☐

图 5-6 表 Product 的设计对话框

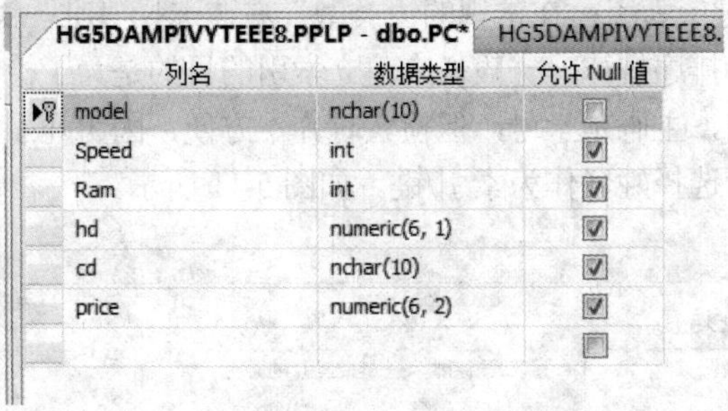

图 5-7　表 PC 的设计对话框

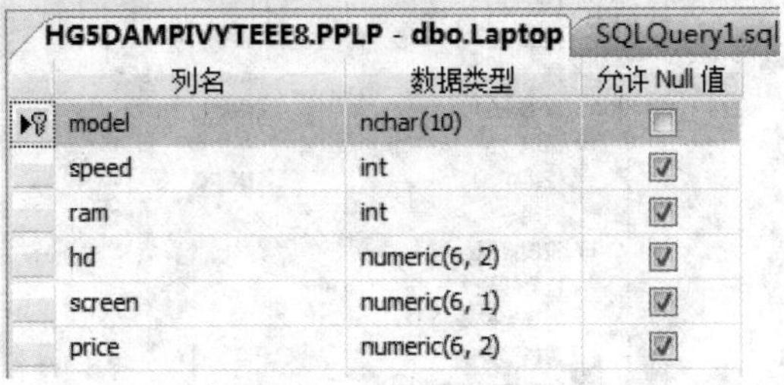

图 5-8　表 Laptop 的设计对话框

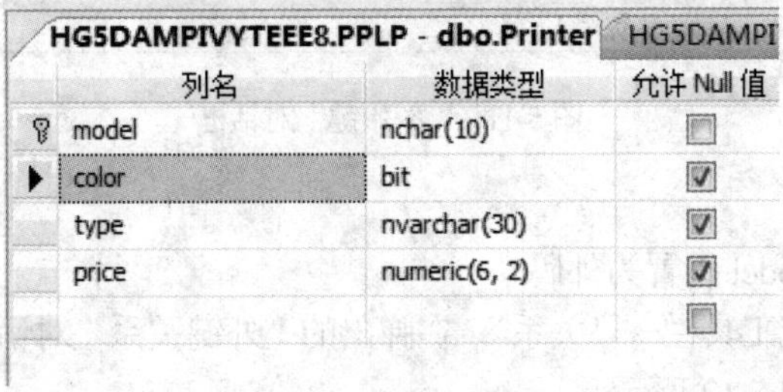

图 5-9　表 Printer 的设计对话框

（3）创建主键约束。

例如：Product 中的 model。

单击选择一列名，SHIFT+单击选择连续的列名组成联合主键，CTRL+单击选择不相邻的列名，右键单击快捷菜单或工具栏按钮→"设置主键"；如图 5-10 所示。

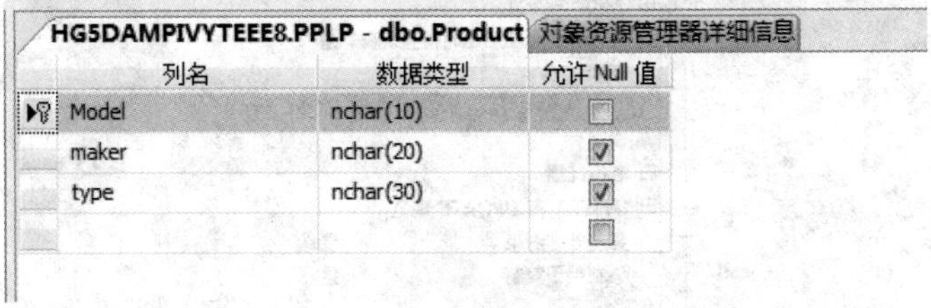

图 5-10　创建主键约束

PC，Laptop，Printer 表主键约束采用同样的方法设置。

（4）创建唯一性约束。

右键单击快捷菜单或工具栏按钮→"索引/键"，在弹出的"索引/键"对话框中，单击"添加"

按钮，添加新的主/唯一键或索引；在常规的"类型"右边选择"唯一键"，在"列"的右边单击省略号按钮，选择列名和排序规律。一般说来建立索引的目的是为了检索方便而设置。如关系学生（学号，姓名，...）中，主码是学号，但检索时并不方便，因为几乎没有人会检索学号，如果不存在重名的情况下，则选择姓名作为索引/键。如图 5-11 所示。

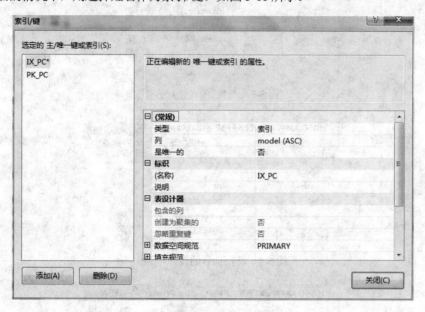

图 5-11 "索引/键"对话框

（5）创建外键约束。

例如：PC 表中的 model 设置为外码。

右键单击快捷菜单或工具栏→"关系"，在弹出的"外键关系"对话框中，单击"添加"按钮添加新的约束关系。如图 5-12 所示。

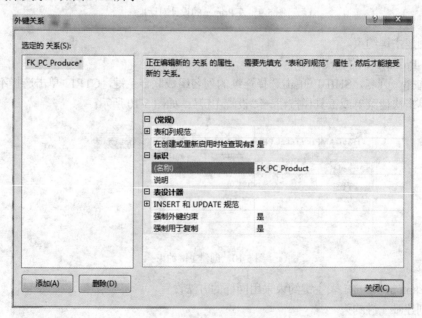

图 5-12 "外键关系"对话框

（6）单击"表和列规范"左边的"＋"号，再单击"表和列规范"内容框中右边的省略号按钮，从弹出的"表和列"对话框中进行外键约束的表和列的选择，单击"确定"。如图 5-13 所示。

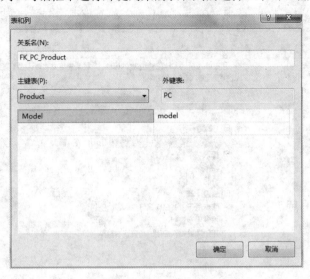

图 5-13　"表和列"对话框

（7）回到"外键关系"对话框，将"强制外键约束"选项选择为"是"，设置"更新规则"和"删除规则"的值，如图 5-14 所示。

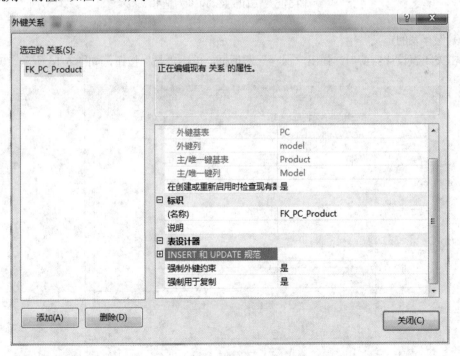

图 5-14　"外键关系"对话框的"INSERT UPDATE 规范"选项

（8）创建检查约束。

例如：PC 表中的 price 大于等于零。

右键单击菜单或工具栏→"CHECK 约束"，在打开的"CHECK 约束"对话框中单击"添加"按钮，在表达式文本框中输入检查表达式，在表设计器中进行选项的设置，如图 5-15 所示。

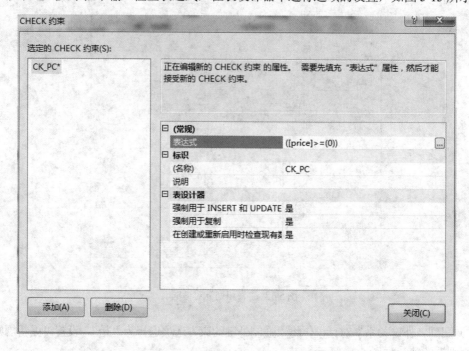

图 5-15 "CHECK 约束"对话框

（9）保存表的定义。

单击关闭表设计器窗口，弹出"保存"对话框，单击"是"按钮，如图 5-16 所示。

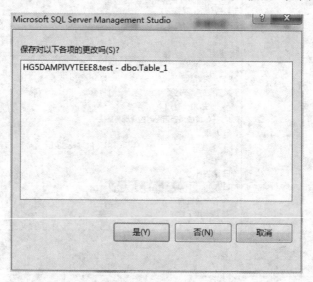

图 5-16 "保存表"对话框

（10）单击"是"按钮，弹出"选择名称"对话框，如图 5-17 所示。

（11）输入表名，单击"确定"按钮。

图 5-17　"选择名称"对话框

5.7　修　改　表

[**案例 5**]　使用 Management Studio 修改表。

案例分析：具体操作步骤如下：

（1）打开 Management Studio 管理工具，并连接到目标服务器。

（2）在"对象资源管理器"窗口中，展开"数据库"节点，再展开所选择的具体数据库节点，展开"表"节点，右键单击要修改的表，选择"设计"命令，进入表设计器即可进行表的定义的修改。如图 5-14 所示。

图 5-14　"修改表"命令的快捷菜单

5.8　删　除　表

[**案例 6**]　使用 Management Studio 删除表。

案例分析：具体操作步骤如下：

（1）打开 Management Studio 管理工具，并连接到目标服务器。

（2）在"对象资源管理器"窗口中，展开"数据库"节点，再展开所选择的具体数据库节点，展开"表"节点，右键要删除的表，选择"删除"命令或按下"DELETE"键。

5.9　插　入　记　录

[**案例 7**]　为 PPLP 数据库的各表输入数据。

案例分析：具体操作步骤如下：

（1）打开 Management Studio 管理工具，并连接到目标服务器。

（2）在"对象资源管理器"窗口中，展开"数据库"节点，再展开所选择的具体数据库节点，展开"表"节点，右键单击要打开的表，选择"编辑前 200 行（E）"命令，即可添加记录值。

表 Product 如下：

Model	maker	type	
1001	A	PC	...
1002	A	PC	...
1003	B	PC	...
1004	C	PC	...
1005	A	PC	...
1006	B	PC	...
1007	C	PC	...
1008	D	PC	...
1009	D	PC	...
1010	D	PC	...
1011	A	PC	...
2001	D	Laptop	...
2002	D	Laptop	
2003	D	Laptop	...
2004	E	Laptop	...
2005	F	Laptop	...
2006	G	Laptop	...
2007	G	Laptop	...
2008	E	Laptop	...
3001	D	printer	...

表 PC 如下：

model	Speed	Ram	hd	cd	price
1001	122	16	1.6	6x	1876.00
1002	122	16	2.5	8x	1977.00
1003	134	24	2.5	6x	2917.00
1004	187	24	1.6	8x	2313.00
1005	200	32	1.6	8x	2600.00
1006	122	16	2.5	8x	2099.00
1007	233	32	3.1	8x	2198.00
1008	156	32	3.4	8x	1249.00
1009	189	32	1.9	8x	2677.00
1010	160	32	3.2	8x	3413.00

表 Laptop 如下：

model	speed	ram	hd	screen	price
2001	100	20	1.10	9.5	1321.00
2002	201	16	0.70	11.9	1421.00
2003	145	12	1.00	13.0	1621.00
2004	123	32	2.01	12.3	1312.00
2005	124	32	1.23	12.3	1237.00
2006	153	16	0.92	12.1	4399.00
2007	114	8	1.98	11.9	2482.00
2008	159	24	2.21	11.6	6214.00
NULL	NULL	NULL	NULL	NULL	NULL

表 Printer 如下：

model	color	type	price
3001	True	激光	231.00
3002	True	喷墨	248.00
3003	False	激光	271.00
3004	False	激光	476.00
3005	False	喷墨	824.00
3006	True	干式	357.00
NULL	NULL	NULL	NULL

5.10　修　改　记　录

[案例 8]　使用 Management Studio 修改记录。

案例分析：具体操作步骤如下：

（1）打开 Management Studio 管理工具，并连接到目标服务器。

（2）在"对象资源管理器"窗口中，展开"数据库"节点，再展开所选择的具体数据库节点，展开"表"节点，右键单击要修改记录的表，选择"编辑前 200 行（E）"命令，即可修改记录值。

5.11　删　除　记　录

[案例 9]　使用 Management Studio 删除记录。

案例分析：具体操作步骤如下：

（1）打开 Management Studio 管理工具，并连接到目标服务器。

（2）在"对象资源管理器"窗口中，展开"数据库"节点，再展开所选择的具体数据库节点，展开"表"节点，右键单击要修改记录的表，选择"编辑前 200 行（E）"命令，右键单击要删除的行，选择"删除"命令即可删除记录。如图 5-15 所示。

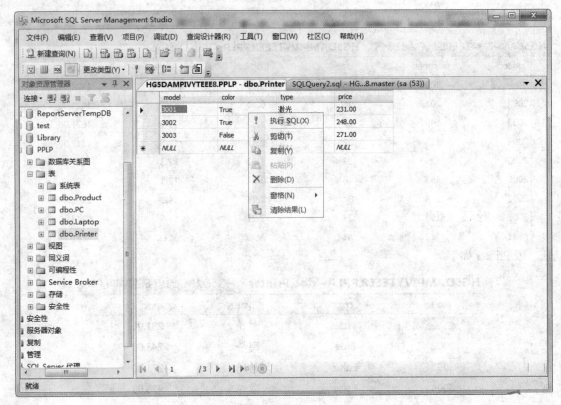

图 5-15　删除记录

5.12　索引的基本操作

5.12.1　索引的基本知识

与书的索引类似，数据库中的索引可以使用户快速地找到表中或者视图中的信息。一方面用户可以通过合理地创建索引大大提高数据库的查找速度，另一方面索引也可以保证列的唯一性，从而确保表中数据的完整性。

1. 索引基础知识

索引可以创建在任意表和视图的列字段上，索引中包含键值，这些键值存储在一种数据结构（B-树）中，通过键值可以快速地找到与键值相关的数据记录。

SQL Server 提供了两种形式的索引，分别是聚集索引（Clustered）和非聚集索引（Nonclustered）。聚集索引根据键的值对行进行排序，所以每个表只能有一个聚集索引。非聚集索引不根据键值排序，索引数据结构与数据行是分开的。由于非聚集索引的表没有按顺序进行排序，所以查找速度明显低于带聚集索引的表。

2. 索引的类型

（1）聚集索引：根据索引的键值，排序表中的数据并保存。

（2）非聚集索引：索引的键值包含指向表中记录存储位置的指针，不对表中数据排序，只对键值排序。

（3）唯一索引：保证索引中不含有相同的键值，聚集索引和非聚集索引都可以是唯一索引。

（4）包含列的索引：一种非聚集索引，其中包含一些非键值的列，这些列对键只有辅助作用。

（5）全文（full-text）索引：上 Microsoft 全文引擎（full-text engine）创建并管理的一种基于符号的函数（token-based functional）索引，支持快速的字符串中单词的查找。

（6）XML 索引：XML 数据列中的 XML 二进制大对象（BLOBs）。

3．创建原则及注意事项

索引的建立有利也有弊，建立索引可以提高查询速度，但过多的建立索引会占据很多的磁盘空间。所以在建立索引时，数据库管理员必须权衡利弊，考虑主索引带来的有利效果大于带来的弊病。

下列情况适合建立索引：

（1）经常被查询搜索的列，如经常在 where 子句中出现的列。

（2）在 ORDER BY 子句使用的列。

（3）外键或主键列。

（4）值唯一的列。

下列情况不适合建立索引：

（1）在查询中很少被引用的列。

（2）包含太多重复值的列。

（3）数据类型为 bit、text、image 等的列不能建立索引。

5.12.2　使用 Management Studio 创建索引

［案例 10］　使用 Management Studio 创建索引。

案例分析： 具体操作步骤如下：

（1）打开 Management Studio 管理工具，并连接到目标服务器。

（2）在"对象资源管理器"窗口中，展开"数据库"节点，再展开所选择的具体数据库节点，展开"表"节点，单击相应表左边的"＋"号，右键单击"索引"节点，选择"新建索引"命令，如图 5-16 所示。

图 5-16　"索引"快捷菜单

（3）在弹出的"新建索引"对话框中设置要创建索引的名称、类型，添加索引键列。如图 5-17

所示。

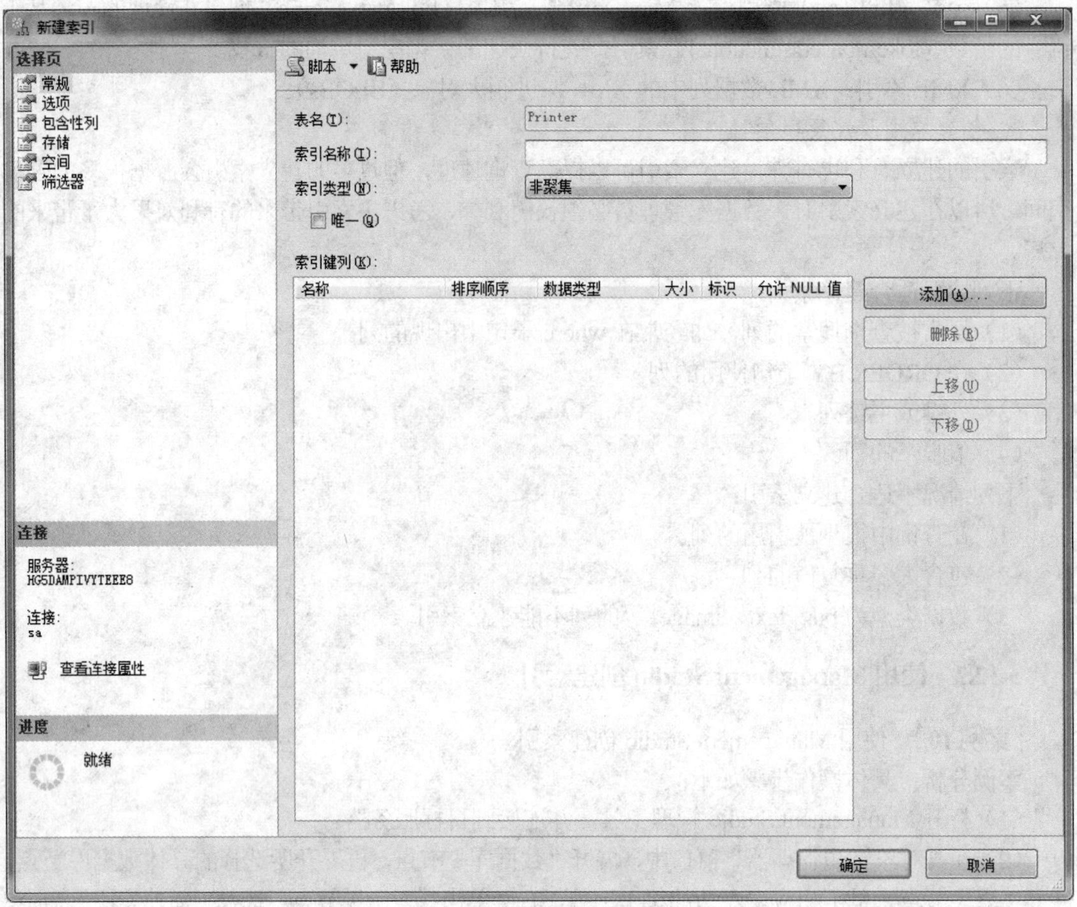

图 5-17　"新建索引"对话框

5.12.3　使用 Management Studio 删除索引

方法一：右键单击要删除的索引→"删除"。

方法二：单击要删除的索引，"编辑"→"删除"。

5.13　小　　　结

本章阐述了 SQL Server 2008 数据库的基本定义、分类、数据库文件和数据库文件组和 SQL Server 2008 表的基本知识；介绍使用 Management Studio 创建、查看、修改和删除数据库的方法和步骤；数据库中表的创建、修改和删除的方法，以及表中记录的添加、修改和删除的方法；学习 T-SQL 创建数据库以及数据库中表的基本语法和实际应用；介绍了索引的基本操作。

第 6 章

数据库的恢复与传输

 本章导读

▸ 本章主要介绍如何使用 SQL Server 2008 进行备份还原和压缩操作。

▸ 了解 SQL Server 2008 的数据库备份和还原功能。

▸ 熟练掌握 SQL Server 2008 数据库的备份还原和压缩操作。

6.1 数据库备份

6.1.1 数据库备份概述

备份是对数据库的数据创建副本，并另存到其他地方，主要用于在系统发生故障后还原和恢复数据，防止因为故障导致数据丢失问题。通过适当备份，可以从多种故障中恢复，包括：

（1）系统故障。

（2）用户错误（例如，误删除了某个表、某个数据）。

（3）硬件故障（磁盘驱动器损坏）。

（4）自然灾难。

SQL Server 2008 备份创建在备份设备上，如磁盘或磁带媒体。使用 SQL Server 2008 可以决定如何在备份设备上创建备份。例如，可以覆盖过时的备份，也可以将新备份追加到备份媒体。执行备份操作对运行中的事务影响很小，因此可以在正常操作过程中执行备份工作。SQL Server 2008 提供了多种备份方法，用户可以根据具体应用状况选择合适的备份方法备份数据库。

说明：数据库备份并不是简单地将表中的数据复制，而是将数据库中的所有信息，包括表数据、视图、索引、约束条件，甚至是数据库文件的路径、大小、增长方式等信息也备份。

数据库还原是指从一个或多个备份中还原数据，并在还原最后一个备份后恢复数据库。数据库支持的还原方案取决于其恢复模式。

创建备份的目的是为了可以恢复已损坏的数据库。但是，备份和还原数据需要在特定的环境中进行，并且必须使用一定的资源。因此，可靠地使用备份和还原以实现恢复需要有一个备份和还原策略。

设计有效的备份和还原策略需要仔细计划、实现和测试。需要考虑以下因素：

（1）组织对数据库的生产目标，尤其是对可用性的防止数据丢失的要求。

（2）每个数据库的特性。其大小、使用模式、内容特性及其数据要求等。

（3）对资源的约束。例如，硬件、人员、存储备份媒体空间以及存储媒体的物理安全性等。

6.1.2 数据库备份类型

在 SQL Server 2008 提供了数据库备份与还原功能，因此，可以创建数据库的副本，将此副本存储在某个位置，以便当运行 SQL Server 2008 服务器出现故障时进行数据库的恢复工作。数据库的备份分为完整备份、完整差异备份两类。

1. 完整备份

完整备份是指数据库的完整备份，包括所有的数据以及数据库对象。在实际上，备份数据库的过程就是首先将事务日志写到磁盘上，然后创建相同的数据库和数据库对象以及复制数据的过程。

每个完整备份使用的存储空间比其他的差异备份使用的存储空间更大。因此，完成完整备份需要更多的时间，因而创建完整备份的频率通常要比创建异常备份的频率低，通常在夜间进行完整备份作业，使得不影响白天用户对数据的使用。

2. 完整差异备份

完整差异备份仅记录自上次完整备份后更改过的数据。完整差异备份比完整备份更小、更快，可以简化频繁的备份操作，减少数据丢失的风险。因此，完整差异备份基于完整备份，这样的完整差异备份称为"基准备份"。在还原差异备份之前，必须先还原其基准备份。如果按给定基准进行一系列完整差异备份，则在还原时只需还原基准和最近的差异备份。

6.2　数据库的备份方法

数据库的备份方法有两种，一种是使用 Management Studio 直接备份，另一种是使用 T-SQL 语句进行备份。

[案例1]　使用 Management Studio 完整备份数据库 PPLP。

案例分析：具体操作步骤如下：

（1）打开 Management Studio 管理工具，并连接到目标服务器，在"对象资源管理器"窗口中，单击"数据库"前面的"+"号，选定具体待备份的目标数据库，单击右键，从弹出的快捷菜单中选择"任务"选项，再从级联菜单中选择"备份…"选项，如图 6-1 所示。

图 6-1　备份数据库右键菜单

（2）弹出"备份数据库"对话框，选择备份类型为"完整"，如图 6-2 所示。在备份的目标中，指定备份文件存放的磁盘位置（本例中备份文件存放路径为 C：\Program Files\Microsoft SQL Server\MSSQL.1\MSSQL\Backup\PPLP.bak），用户也可以自行选择备份数据库或数据文件，以及备份集的有效期等。

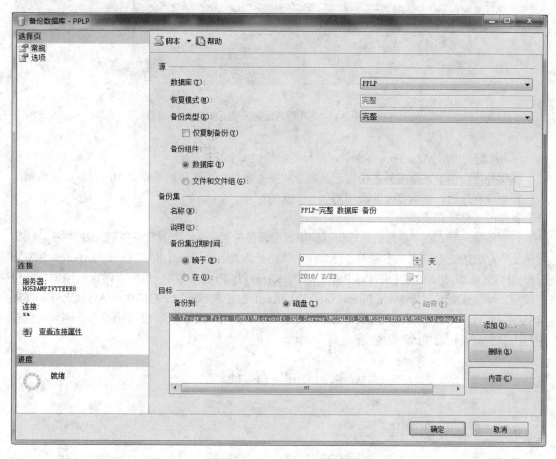

图 6-2　"备份数据库"对话框

（3）如果用户自定义备份文件存放的路径，则可单击"添加"按钮，弹出"选择备份目标"对话框，如图 6-3 所示，并单击 ┅ 按钮，弹出"定位数据库文件"对话框，可以具体设置备份目标文件。

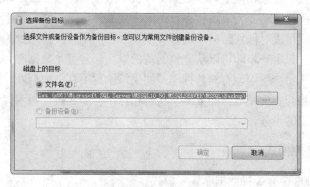

图 6-3　"选择备份目标"对话框

（4）备份操作完成后，弹出"数据库备份完成"消息框，如图 6-4 所示。这时，在备份的文件位置可以找到 C：\Program Files（x86）\Microsoft SQL Server\MSSQL10_50.MSSQLSERVER\MSSQL\Backup\PPLP.bak 备份文件。

图 6-4 "数据库备份完成"消息框

[**案例 2**] 使用 Management Studio 差异备份数据库 PPLP。

案例分析： 由于完整差异备份仅记录自上次完整备份后更改过的数据。因此，首先对数据库中的数据进行修改。在数据库的表中增加一个新的记录。

备份的具体操作步骤如下：

打开备份向导。在"备份数据库"窗口中，选择备份类型为"差异"。在备份的目标中，指定备份文件存放的磁盘位置（本例中备份文件存放路径为 C：\Program Files（x86）\Microsoft SQL Server\MSSQL10_50.MSSQLSERVER\MSSQL\Backup\PPLP.bak），然后单击"确定"按钮。备份完成后，可以找到 C：\Program Files（x86）\Microsoft SQL Server\MSSQL10_50.MSSQLSERVER\MSSQL\Backup\Northwind.bak 文件。DiffBackUp 文件要比 fullBackUp 文件小得多，因为它仅备份自上次完整备份后更改过的数据。

6.3 数据库还原

6.3.1 数据库还原概述

还原方案从一个或多个备份中还原数据，并在还原最后一个备份后恢复数据库。支持的还原方案取决于恢复模式。通过还原方案，可以按下列级别之一还原数据：

（1）数据库级别。还原和恢复整个数据库，并且数据库在还原和恢复操作期间处于离线状态。

（2）数据文件级别。还原和恢复一个数据文件或一组文件。在文件还原过程中，包含相应文件的文件组在还原过程中自动变为离线状态。访问离线文件组的任何尝试都会导致错误。

（3）数据页级别。可以对任何数据库进行页面还原，而不管文件组数为多少。

通过还原数据库，只用一步即可以从完整的备份重新创建整个数据库。如果还原目标中已经存在数据库，还原操作将会覆盖现有的数据库；如果该位置不存在数据库，还原操作将会创建数据库。还原的数据库将与备份完成时的数据库状态相符，但不包含任何未提交的事务。恢复数据库后，将回滚到未提交的事务。

6.3.2 数据库还原模式

在 SQL Server 2008 中有 3 种数据库恢复模式。

（1）简单还原。简单还原是指对进行数据库还原时仅使用了文件与文件组备份或差异备份，而不涉及事务日志备份。

（2）完全还原。完全还原是指使用数据库备份和事务日志备份将数据库还原到发生失败的时候，几乎不造成任何数据丢失。

（3）批日志还原。批日志还原在性能上要优于上述两种还原模式。它尽最大努力减少批操作所需要的存储空间。

6.4　还 原 数 据 库

数据库的还原方法有两种，一种是使用 Management Studio 直接还原，另一种是使用 T-SQL 语句进行备份。

[案例 3]　使用 Management Studio 还原数据库 PPLP。

案例分析：具体操作步骤如下：

（1）打开 Management Studio 管理工具，并连接到目标服务器，在"对象资源管理器"窗口中，右击"数据库"节点，从弹出的快捷菜单中选择"还原数据库…"选项，如图 6-5 所示。

图 6-5　"还原数据库"快捷菜单

（2）弹出"还原数据库"对话框，如图 6-6 所示。填写完整的信息，如：目标数据库名称、指定待还原的数据库在磁盘中的位置，选择"源设备"选项，并单击 ┄┄ 按钮。

（3）弹出"指定备份"对话框，可以具体指定备份的目标文件，如图 6-7 所示。单击"添加"按钮。

（4）弹出"定位备份数据库"对话框，如图 6-8 所示，指定备份数据库的磁盘位置，并单击"确定"按钮。

（5）返回"指定备份"对话框，如图 6-9 所示，单击"确定"按钮。

（6）返回"还原数据库"对话框，如图 6-10 所示，选择完整备份，单击"确定"按钮。

（7）弹出"还原完成"消息框，如图 6-11 所示，单击"确定"按钮，完成数据库的还原。

图 6-6 "还原数据库"对话框

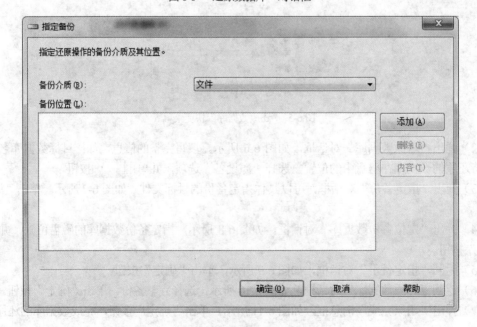

图 6-7 "指定备份"对话框

图 6-8　"定位备份文件"对话框

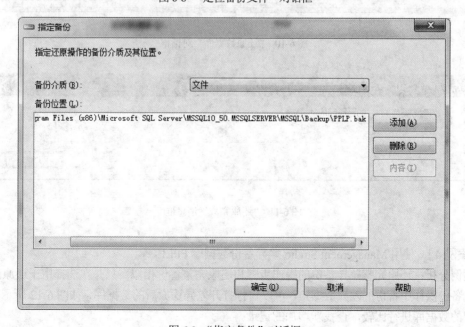

图 6-9　"指定备份"对话框

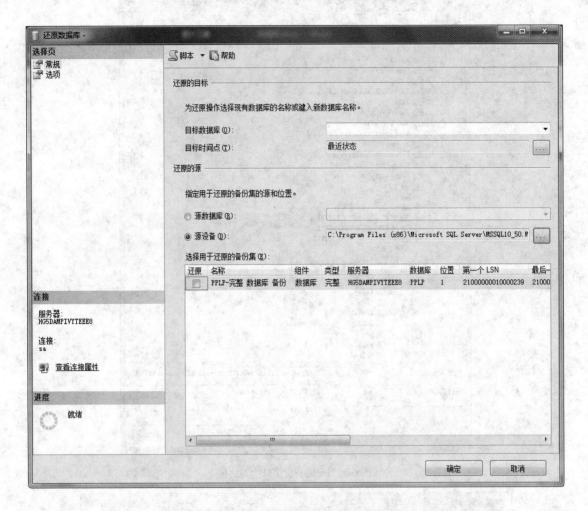

图 6-10 "还原数据库"对话框

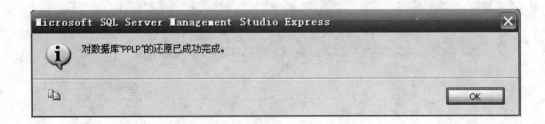

图 6-11 "还原完成"消息框

[**案例 4**] 使用 Management Studio 差异备份数据库 PPLP。

案例分析： 还原完整差异备份的操作步骤和还原完整备份相似。只是在选择用于还原的备份集时选备份操作中备份的差异数据集，可以自行打开差异还原后的数据库，如图 6-12 所示，与完整备份的数据库进行比较，查找新增加的记录。

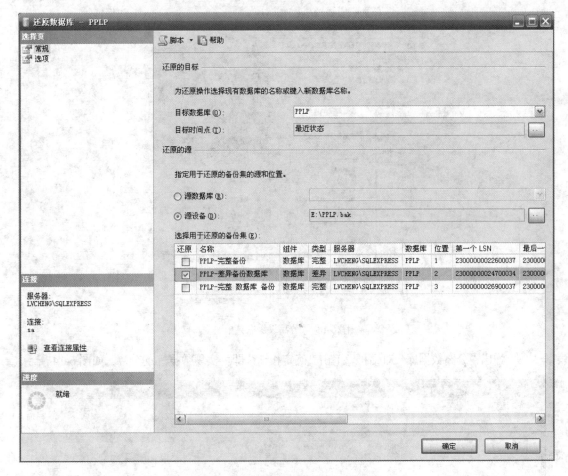

图 6-12 差异"还原数据库"对话框

6.5 数据库的分离与附加

分离数据库就是将数据库从 SQL Server 2008 中删除,保持组成该数据文件的数据和事务日志文件完整无损。如果想把数据库从一个服务器移到另一个服务上,或移到另一物理磁盘中,用户可以使用分离与附加的功能来实现,不需要重新创建数据库。

6.5.1 数据库的分离

在 SQL Server 2008 运行时,不能直接复制数据库文件,如果要复制数据库文件,就要先将数据库从 SQL Server 2008 服务器中分离出来。

直接分离数据库。

[**案例 5**] 使用 Management Studio 分离数据库 PPLP。

案例分析:具体操作步骤如下:

(1)打开 Management Studio 管理工具,并连接到目标服务器。

(2)选择要分离的数据库,单击鼠标右键,在弹出的快捷菜单中选择"任务",再从级联菜单中选择"分离",如图 6-13 所示。

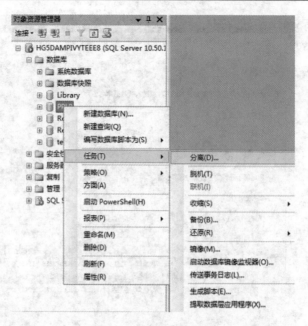

图 6-13 "分离"级联菜单

（3）弹出"分离数据库"对话框，单击"确定按钮"即可实现数据库的分离。如图 6-14 所示。

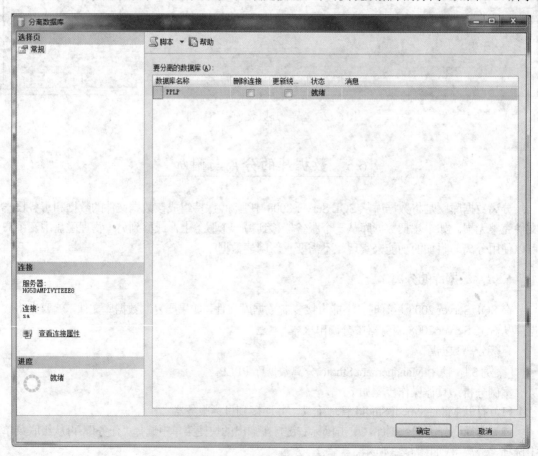

图 6-14 "分离数据库"对话框

6.5.2　数据库的附加

附加数据库是分离数据库的逆过程，即把已存在的数据库加载到 SQL Server 2008 服务器中。

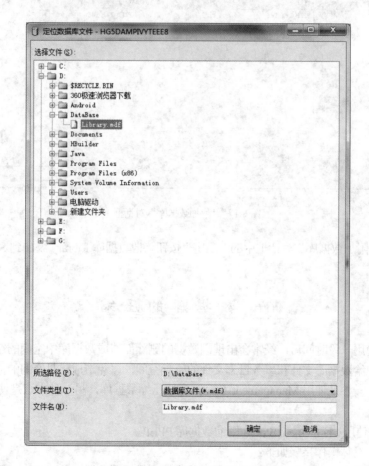

直接附加数据库。

[**案例6**]　使用 Management Studio 还原数据库 Library。

案例分析：具体操作步骤如下：

（1）打开 Management Studio 管理工具，并连接到目标服务器。

（2）选择数据库，单击鼠标右键，在弹出的快捷菜单中选择"附加"，如图 6-15 所示。

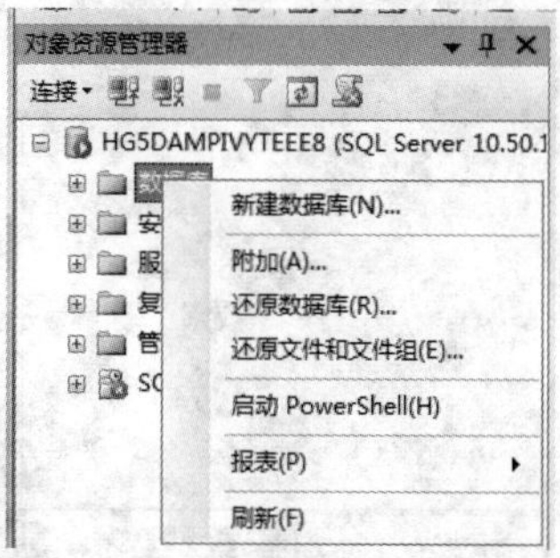

（3）弹出"附加数据库"对话框，然后再单击"添加"按钮，将弹出"定位数据库文件"对话框，选择数据库的数据文件，如图 6-16 所示。

图 6-15　"附加（A）…"级联菜单

图 6-16　"定位数据库文件"对话框

（4）单击"确定"按钮，把数据库 Library 组成文件添加到"附加数据库"对话框中，如图 6-17 所示。

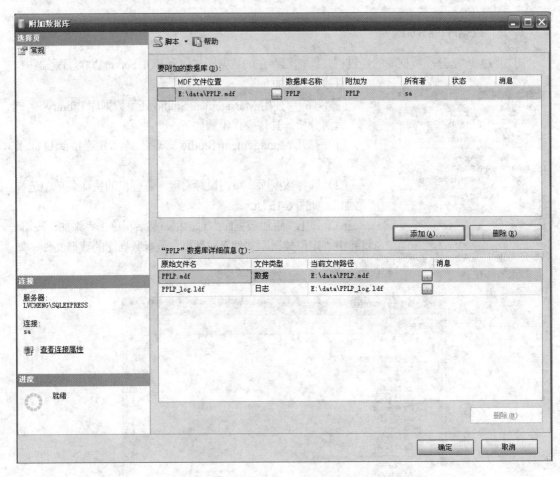

图 6-17 "附加数据库"对话框

（5）单击"附加数据库"对话框中的"确定"按钮，把数据库 Library 添加到 SQL Server 2008 服务器中。

6.6 数据库的压缩

数据库在使用一段时间后，经常会出现因数据的删除而造成数据库中空闲的空间太多，这时就需要减少分配给数据库文件和事务日志文件的磁盘空间，以免造成磁盘空间的浪费。压缩数据库有两种方法，一种是使用 Management Studio 直接压缩数据库，另一种方法是使用 T-SQL 语句来压缩数据库。

［案例 7］ 使用 Mangement Studio 压缩数据库 PPLP。

案例分析：具体操作步骤如下：

（1）打开 Manaagement Studio 管理工具，并连接到目标服务器。

（2）选择要压缩的数据库，单击鼠标右键，在弹出的快捷菜单中选择"任务"，再从级联菜单中选择"压缩"→"数据库（D）"，如图 6-18 所示。

（3）弹出"收缩数据库"对话框，如图 6-19 所示，单击"确定"按钮，即可实现数据库的压缩。

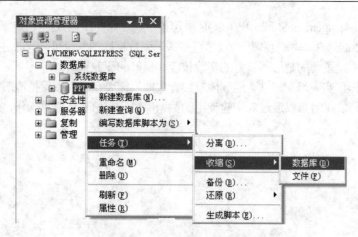

图 6-18 压缩数据库级联菜单

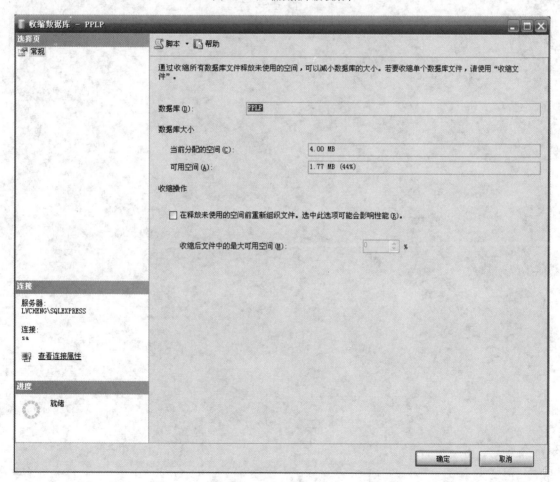

图 6-19 "收缩数据库"对话框

6.7 小   结

本章讲解数据库恢复技术的基本概念，SQL Server 2008 数据库的备份与还原，以及数据库的压缩，包括使用 Management Studio 和 T-SQL 语句备份、还原和压缩数据库。

SQL Server 2008 数据库恢复和传输技术直接关系到数据库的安全可靠，也是数据库管理员必须熟练掌握的技术，重要的是培养良好的实践技能和良好的职业素质。

看似简单的操作实现起来却常会遇到困难或者失败，需要在应用中保持清醒的头脑，独立分析问题和解决问题，平时可以通过对实验使用的数据库进行备份和还原等操作，逐步锻炼完善。

第 7 章

SQL Server 2008 T–SQL 数据查询

 本章导读

▶ 熟练掌握查询语句的基本语法格式。

▶ 掌握单表查询、多表连接查询、嵌套查询等多种查询方法。

▶ 掌握视图的使用。

7.1 T–SQL 查询语句

7.1.1 T–SQL 查询语句的语法格式

SELECT ［ALL|DISTINCT］列表达式

［INTO 新表名］

FROM 表名列表

［WHERE 逻辑表达式］

［GROUP BY 列名］

［HAVING 逻辑表达式］

［ORDER BY 列名 ［ASC|DESC］］

说明: select 对应关系代数中的投影操作、from 对应关系代数中的连接操作、where 对应关系代数中的选择操作。

7.1.2 T–SQL 语句的执行方式

单击工具栏上的"新建查询"按钮,在右边窗口输入查询语句,单击工具栏或"查询"菜单中的"执行",可在右下方的窗口看到查询的结果。以 PPLP 数据库为例详细讲解 SELECT 语句各选项的应用方法,如下所示:

Product（model, maker, type）PK: model

PC（model, speed, ram, hd, cd, price）PK: model; FK: model

Laptop（model, speed, ram, hd, screen, price）PK: model; FK: model

Printer（model, color, type, price）PK: model; FK: model

7.2　T-SQL 单表查询语句

7.2.1　无数据源的查询

所谓无数源检索就是使用 SELECT 语句来检索不在表中的数据。例如，可以使用 SELECT 语句检索常量、全局变量或已经赋值的变量。无数据源检索实质上就是在客户机屏幕上显示出变量或常量的值。

1. 查看常量

[案例1]　查看常量。

案例分析：

```
use Library
GO
select 'sql server 2008'
select 'Hello! Sql server!'
```

查询结果如图 7-1 所示。

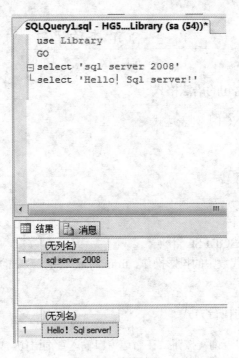

图 7-1　查询结果

2. 查看全局变量

[案例2]　查看本地 SQL Server 2008 服务器的版本信息。

案例分析：

```
use Library
GO
select @@version
```

查询结果如图 7-2 所示。

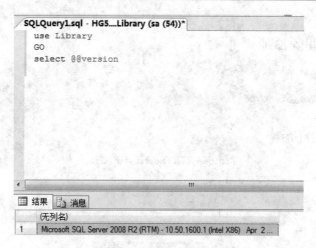

图 7-2　查询结果

[案例 3]　查看本地 SQL Server 服务器使用的语言。

案例分析:

```
use Library
GO
select @@language
```

查询结果如图 7-3 所示。

图 7-3　查询结果

7.2.2　显示所有列的选择查询

从关系中找出满足给定条件的元组的操作称为选择,选择的条件使用逻辑表达式的方式给出,当逻辑表达式为真的元组将被读取。选择是从行的角度进行的运算,即从水平方向抽取记录。经过选择运算得到的结果可以形成新的关系,其关系模式不变,但其中的元组是原来关系的一个子集,相当于关系代数中的选择操作,如下所示:

通配符*: 所有字段

[案例 4]　从 Product 表中查询所有产品的信息。

案例分析:关系代数如下:

(1) $\sigma_{Product.model,Product.maker,Product.type}$ (Product)。

(2) $\sigma_{model,maker,type}$ (Product)。

(3) $\sigma_{1,2,3}$(Product)。

数据库原理与 Web 应用

T-SQL 语句：

第一种方法：列出全部列。

```
use PPLP
GO
select model,maker,type
from Product
```

查询结果如图 7-4 所示。

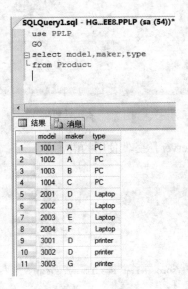

图 7-4　查询结果

第二种方法：通配符*。

```
select *
from Product
```

查询结果如图 7-5 所示。

图 7-5　查询结果

118

7.2.3　投影查询

从关系模式中指定若干个属性组成的新的关系称为投影。投影是从列的角度进行的运算，相当于进行垂直分解。经过投影得到一个新的关系，其关系模式所包含的属性个数往往比原关系少，或者属性的排列顺序不同。投影运算提供了垂直调整关系的手段，体现出关系中列的次序无关的特点。

语法：SELECT［ALL|DISTINCT］［TOP integer|TOP integer PERCENT］［WITH TIES］ 列名表达式 1，列名表达式 2，…列名表达式 n

其中：表达式中含列名、常量、运算符、列函数。

1. 投影部分列

［案例 5］　查询 PC 机的型号和价格。

案例分析：本案例是求 PC 关系在型号和价格两个属性上的投影。

关系代数如下：

$\pi_{PC.model,PC.price}(PC)$、或者 $\pi_{model,price}(PC)$、或者 $\pi_{1,6}(PC)$。

T-SQL 语句：

```
select model, price
from PC
```

查询结果如图 7-6 所示。

图 7-6　查询结果

2. TOP 关键字限制返回行数

SQL Server 2008 提供了 TOP 关键字，让用户指定返回前面一定数量的数据。当查询到的数据量非常庞大时，但没有必要对所有数据进行浏览时，使用 TOP 关键字查询可以大大减少查询花费的时间。

格式：TOP n 或 n PERCENT

其中：TOP n 表示返回最前面的 n 行，n 表示返回的行数。TOP n PERCENT 表示返回的前面的 n%行。

［案例 6］　从 Product 表中返回前 5 条数据。

案例分析：

T-SQL 语句如下：

```
use PPLP
```

```
GO
select top 5*
from Product
```

查询结果如图 7-7 所示。

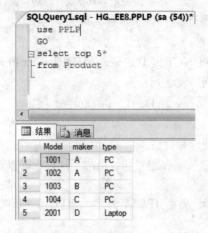

图 7-7 查询结果

[案例 7] 从 Product 表中返回前 10%的数据。

案例分析:

T-SQL 语句如下:

```
use PPLP
GO
select top 10 percent *
from  Product
```

查询结果如图 7-8 所示。

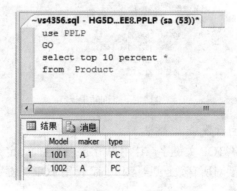

图 7-8 查询结果

3. 是否去除重复元组

All:检出全部信息(默认)。

Distinct:去掉重复信息。

[案例 8] 查询都有哪些类型的打印机。

案例分析:本案例是只投影到 Type 属性。

关系代数如下:

$\pi_{\text{Printer.price}}$ (Printer) 、或者 π_{Type}(Printer) 、或者 π_4(Printer)。

T-SQL 语句：

```
use PPLP
GO
select distinct type
from Printer
```

只投影到 type 属性，注意需要去除多余的行。

查询结果如图 7-9 所示。

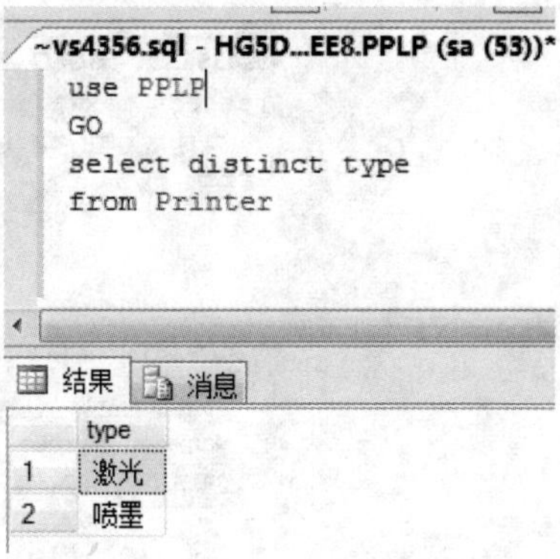

4. 自定义列名（命名运算）

格式：

（1）'指定的列标题'=列名。

（2）列名 AS 指定的列标题。

（3）列名 空格 指定的列标题。

[案例 9]　找出价格不超过 2000 元的所有个人计算机的型号、速度以及硬盘容量。并在此基础上将型号字段改成中文"型号"；速度字段改成"兆赫"；并将硬盘容量改成"兆字节"。

案例分析：本案例考查的是命名运算。

关系代数：$\rho_{\text{PC'型号,速度,兆字节}}(\pi_{\text{model,speed,hd}}(\sigma_{\text{price}\leqslant 2000}(\text{PC})))$

T-SQL 语句：

图 7-9　查询结果

```
select '型号'=model, speed '兆赫', hd as '兆字节'
from PC
where PC.price<=2000
```

查询结果如图 7-10 所示。

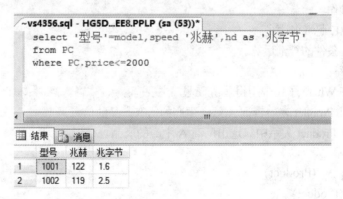

图 7-10　查询结果

5. 聚集函数（字段函数、列函数）

格式：函数名（列名）。

（1）求和：SUM。

（2）平均：AVG。

（3）最大：MAX。

（4）最小：MIN。

（5）统计：COUNT。

[**案例 10**] 求出所有 PC 机的总价格、平均价格、以及最大、最小价格。

案例分析：本案例考查的是使用集函数。

扩展的关系代数（允许使用聚集函数）：$\pi_{max(price),min(price),avg(price),sum(price)}(PC)$

T-SQL 语句：

```
select max(price)as Maxprice, min(price)as Minprice, avg(price)as Avgprice ,
sum(Price)as Totalprice
   from PC
```

查询结果如图 7-11 所示。

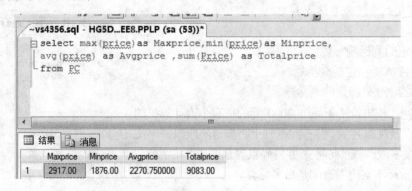

图 7-11　查询结果

7.2.4　带有条件的选择查询

Where 子句是在使用 Select 语句进行查询时最重要的子句，在 Where 子句中指出了检索的条件，系统进行检索时将按照这些指定的条件对记录及进行检索，找出符合条件的记录。相当于关系代数中的选择操作。

格式：WHERE 逻辑表达式。

功能：实现有条件的查询运算。

1. 比较运算符

比较运算符在 Where 子句中用得非常普遍，主要有：=，<>，>，<，>=，<=。

[**案例 11**] 从 Product 表中查询 A 厂商生产的所有产品的信息。

案例分析：从 Product 关系中只选出厂商 A 生产的产品。

关系代数：

（1）$\sigma_{Product.maker='A'}(Product)$。

（2）$\sigma_{maker='A'}(Product)$。

（3）$\sigma_{2='A'}(Product)$。

T-SQL 语句：

```
use PPLP
GO
select *
from Product
where maker='A'
```

查询结果如图 7-12 所示。

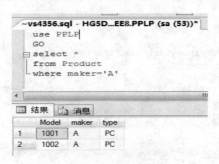

图 7-12　查询结果

[案例 12]　从 Printer 中选出价格小于 300 的打印机。

案例分析：从 Printer 中选出价格小于 300 的打印机。

关系代数：

$\sigma_{\text{Printer.price}<300}$ (Printer)、或者 $\sigma_{\text{price}<300}$ (Printer)、或者 $\sigma_{4<300}$ (Printer)。

T-SQL 语句：

```
use PPLP
GO
select *
from Printer
where price<300
```

查询结果如图 7-13 所示。

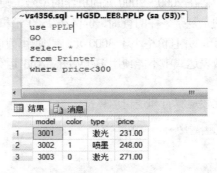

图 7-13　查询结果

2. 逻辑运算符

在很多情况下，在 Where 子句中仅仅使用一个条件并不能准确地从表中检索到需要的数据，这里需要逻辑运算符，共有三种：and（与）、or（或）、not（非）。

[案例 13]　从 Printer 中选出价格小于 300 且颜色为真的彩色打印机。

案例分析：从 Printer 中选出价格小于 300，且逻辑与颜色为真的彩色打印机。

关系代数：

$\sigma_{\text{Printer.price}<300 \wedge \text{Printer.color}=1}$ (Printer)、或者 $\sigma_{\text{price}<300 \wedge \text{color}=1}$ (Printer)、或者 $\sigma_{4<300 \wedge 2=1}$ (Printer)。

T-SQL 语句：

```
use PPLP
GO
select *
from Printer
where price<300 and color=1
```

查询结果如图 7-14 所示。

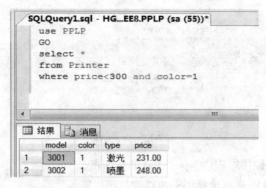

图 7-14　查询结果

3. 范围运算符

在数据库引擎查询中，限制范围也是经常使用的一个条件，当然可以使用比较运算符和逻辑运算符来完成，但使用 Between…And 结构会使 SQL 更清楚。

格式：列名 [not] between 开始值 and 结束值。

说明：列名是否在开始值和结束值之间。

等效：列名>=开始值 and 列名<=结束值。

　　　列名<开始值 or 列名>结束值（选 not）。

[案例 14]　找出 PC 机价格在 2000～3000 元的机器的型号、硬盘容量以及价格。

案例分析：本案例考查的是复杂条件的查询。价格在 2500 元和 3000 元之间，可以将其转化成等价条件：价格大于 2500 元，并且价格小于 3000 元；或使用范围运算符 Between…And 完成。注意的是，在传统的关系代数表达式中不能使用 Between…And 运算符，而在扩展的关系代数表达式中则可使用。

（1）第一种方法：使用比较运算符和逻辑运算符。

关系代数：$\pi_{model,hd,price}(\sigma_{price\geqslant2000 \wedge price\leqslant3000}(PC))$。

T-SQL 语句：

```
select model, hd, price
from PC
where price>2500 and price<3000
```

查询结果如图 7-15 所示。

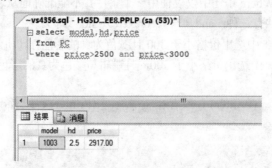

图 7-15　查询结果

（2）第二种方法：使用范围运算符。

T-SQL 语句：

```
select model，hd，price
from PC
where price between 2500 and 3000
```

查询结果如图 7-16 所示。

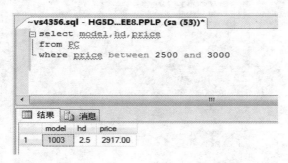

图 7-16　查询结果

4. 列表运算符（谓词 In）

语法：表达式〔NOT〕IN　（列表|子查询）。

说明：表达式的值（不在）在列表所列出的值中，子查询的应用将在 7.3 节介绍。

[案例 15]　从 Product 表中查询 PC 机和手提的型号和厂商。

案例分析：本案例考查的是确定集合，可以使用逻辑运算符和比较运算符，也可以使用列表运算符将其转化成等价条件。

（1）第一种方法：使用逻辑运算符。

关系代数：$\pi_{model,maker}(\sigma_{type='PC'\vee type='Laptop'}(Product))$。

T-SQL 语句：

```
Select model，maker
From Product
Where type='PC' or type='Laptop'
```

查询结果如图 7-17 所示。

图 7-17　查询结果

（2）第二种方法：使用谓词 In。

```
Select model,maker
From Product
Where type in('PC', 'Laptop')
```

查询结果如图 7-18 所示。

图 7-18　查询结果

5. 模式匹配运算符

语法：［NOT］　LIKE　通配符

说明：通配符_：通配一个任意字符；通配符%：通配任意多个任意字符。

［**案例 16**］　从 Product 表中查询所有以 P 开头的机器类型的全部信息。

案例分析：

T-SQL 语句：

```
select  *
from Product
where Product.type Like 'P%'
```

查询结果如图 7-19 所示。

图 7-19　查询结果

［**案例 17**］　查询含有 P 字母的机器类型的全部信息。

案例分析：

T-SQL 语句：

```
select  *
from Product
where Product.type Like '%P%'
```

查询结果如图 7-20 所示。

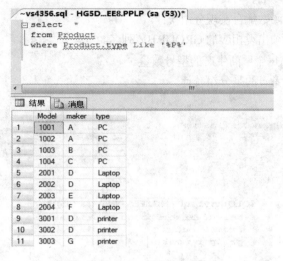

图 7-20　查询结果

6. 空值判断符

语法：IS［NOT］ NULL

注意：空值带来的影响。COUNT（*）总是返回记录的个数；COUNT（字段）返回指定字段值非空的记录个数。

7. 广义投影

[案例 18]　由于季节原因，PC 价格普遍下调 10%，请查询降价后的 PC 机价格和价格差价。

案例分析：本案例考查的是广义投影和命名运算。

扩展关系代数（允许算术运算作为投影的一部分）：

$$\rho_{PC'model,price,newprice,dprice}(\pi_{model,price,price*0.9,price*0.1}(PC))$$

T-SQL 语句：

```
select model, price, price*0.9 as newprice, price*0.1 as dprice
from PC
```

查询结果如图 7-21 所示。

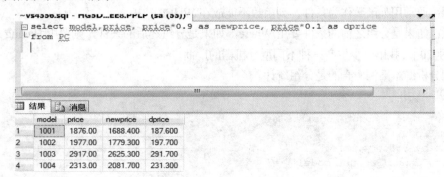

图 7-21　查询结果

127

7.2.5 分组统计查询

1. GROUP BY 子句

格式：GROUP BY 列名

功能：与列名或列函数配合实现分组统计。

说明：投影列名必须出现相应的 GROUP BY 列名。

[**案例 19**] 统计出每个厂商生产的型号数量。

案例分析：本案例考查的是分组统计。

T-SQL 语句：

```
select maker,count(model)as many
from Product
group by maker
```

查询结果如图 7-22 所示。

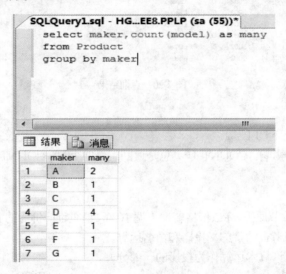

图 7-22　查询结果

2. Having 子句

格式：HAVING 逻辑表达式

功能：与 GROUP BY 选项配合筛选（选择）统计结果。

说明：通常用列函数作为条件，列函数不能放在 WHERE 中。

注意：如果是分组之前的条件要用 Where，如果是分组之后的条件，则要用 Having。

[**案例 20**] 找出至少生产三种不同型号机器的厂商。

案例分析：本案例考查的是分组统计。

T-SQL 语句：

```
select maker,count(model)as many
from Product
group by Product.maker
having count(Product.model)>=3
```

查询结果如图 7-23 所示。

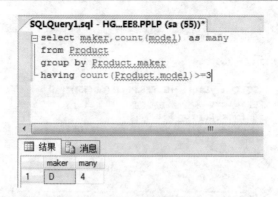

图 7-23 查询结果

7.2.6 排序查询

1. 单级排序

排序的关键字是 Order by，默认状态是升序，关键字是 ASC。降序的关键字是 DESC。排序的字段可以是数值型、字符型、日期时间性。

［案例 21］ 查询手提的型号和价格，价格按升序排列。

案例分析：本案例考查的是排序。

T-SQL 语句：

```
select model, price
from Laptop
order by price
```

查询结果如图 7-24 所示。

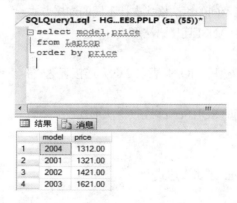

图 7-24 查询结果

2. 多级排序

按照一列进行排序后，如果该列有重复的记录值，则重复着部分就没有进行有效的排列，这就需要再附加一个字段，作为第二次排序的标准对于没有排序的记录进行再排列。

［案例 22］ 查询手提的型号和价格，价格先按升序排列，然后再按照型号进行降序排列。

案例分析：本案例考查的是排序。

T-SQL 语句：

```
select model, price
```

```
from Laptop
order by price ASC , model DESC
```

查询结果如图 7-25 所示。

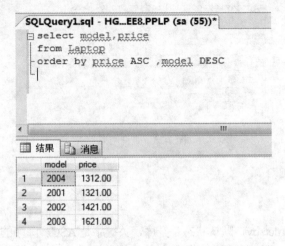

图 7-25　查询结果

7.3　T-SQL 多表复杂连接查询语句

7.3.1　连接方法和种类

1. 连接的方法

SQL Server 2008 提供了不同的语法格式支持不同的连接方式。

（1）用于 FROM 子句的 ANSI 连接语法形式

SELECT 列名列表

FROM ｛表名 1［连接类型］　JOIN　表名 2 ON　连接表达式｝

WHERE　逻辑表达式

（2）用于 WHERE 子句的 SQL Server 连接语法形式

SELECT 列名列表

FROM 表名列表

WHERE 连接表达式 And 逻辑表达式

2. 连接种类

（1）交叉连接。

（2）内连接。

（3）外连接。

（4）自身连接。

7.3.2　交叉连接（笛卡尔积）

不带 WHERE 条件子句，它将会返回被连接的两个表的笛卡尔积，返回结果的行数等于两个表行数的乘积（例如：T_student 和 T_class，返回 4×4=16 条记录），如果带 where，返回或显示的是匹配的行数。

格式: from 表名 1 cross join 表名 2 on 连接表达式

或 from 表名列表

说明: 两个表做笛卡尔积。

[案例 23] 将 Product 表和 PC 表进行交叉连接。

案例分析:

关系代数:

$$\pi_{\text{Product.model,maker,type,PC.model,speed,ram,hd,cd,price}} (\text{Product} \times \text{PC})$$

T-SQL 语句:

```
select *
from Product，PC
```

或

```
select *
from Product cross join PC
```

查询结果如图 7-26、图 7-27 所示。

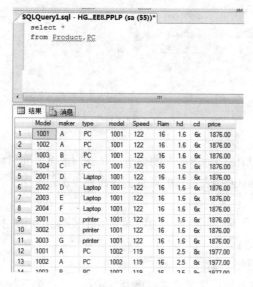

图 7-26 查询结果

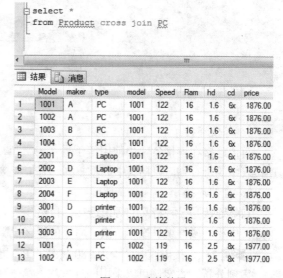

图 7-27 查询结果

7.3.3 内连接

使用比较运算符(包括=、>、<、<>、>=、<=、!>和!<)进行表间的比较操作,查询与连接条件相匹配的数据。根据比较运算符不同,内连接分为等值连接和不等连接两种。

格式: from 表名 1 inner join 表名 2 on 连接表达式 where 逻辑表达式

或 from 表名列表 where 连接表达式 And 逻辑表达式

1. 不等值连接

在连接条件使用除等于运算符以外的其他比较运算符比较被连接的列的列值。这些运算符包括>、>=、<=、<、!>、!<和<>。

[案例 24] 查询 PC 机中的硬盘容量比便携式电脑中某一硬盘容量小的 PC 机的型号和容量。

案例分析: 本案例考查的是 θ 连接。其中，θ 为 PC.hd＜Laptop.hd。

关系代数: $\pi_{PC.model,PChd}(PC \underset{PC.hd<Laptop.hd}{\bowtie} Laptop)$

在 PC 机中查询那些比任意一种 Laptop 硬盘容量小的 PC 机的型号和容量。

T-SQL 语句:

```
select PC.model，PC.hd
from PC inner join Laptop
on PC.hd<Laptop.hd
```

或

```
select PC.model，PC.hd
from PC，Laptop
where PC.hd<Laptop.hd
```

查询结果如图 7-28 所示。

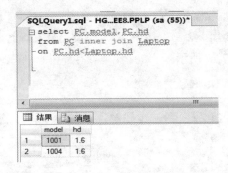

图 7-28　查询结果

2. 等值连接

等值连接在连接条件中使用等于号（=）运算符比较被连接列的列值，其查询结果中列出被连接表中的所有列，包括其中的重复列。等值连接中连接表达式的属性列均需要投影。

3. 自然连接

自然连接是一种特殊的等值连接，自然连接必须是相同的属性组，而等值连接则不一定；自然连接中相同属性组只投影一次，而等值连接投影两次。

[**案例 25**] 找出速度至少为 180 赫兹的 PC 机的厂商。

案例分析: 本案例可以采用四种方法。第一种自然连接；第二种嵌套（谓词 in）；第三种嵌套（谓词 Any）；第四种嵌套（谓词 Exists）。详细分解请见第 2 章。

（1）第一种方法：自然连接。

关系代数: $\pi_{product.\ maker}(\sigma_{PC.\ speed\geq180}(product \bowtie PC))$

T-SQL 语句:

```
select distinct maker
from Product，PC
where Product.model=PC.model and speed>=180
```

或

```
select distinct maker
from Product inner join PC
on Product.model=PC.model
where speed>=180
```

查询结果如图 7-29 所示。

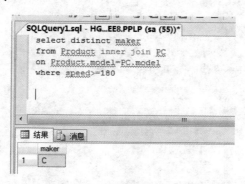

图 7-29　查询结果

（2）第二种方法：嵌套（谓词 In）。

注意：自然连接均可以用谓词 In 替代。

T-SQL 语句：

```
select distinct Product.maker
from Product
where Product.model in
(select PC.model
from PC
where PC.speed>=180)
```

查询结果如图 7-30 所示。

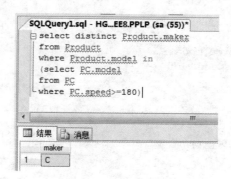

图 7-30　查询结果

（3）第三种方法：嵌套（谓词 Any）。

由于谓词 in 恒等于 =Any，所以 T-SQL 语句可将 in 改为=Any。

T-SQL 语句：

```
select distinct Product.maker
from Product
where Product.model =any
(select PC.model
from PC
where PC.speed>=180)
```

（4）第四种方法：嵌套（谓词 Exists）。

T-SQL 语句：

```
select distinct Product.maker
from Product
where Exists
( select *
from PC
where Product.model=PC.model and PC.speed>=180)
```

查询结果如图 7-31 所示。

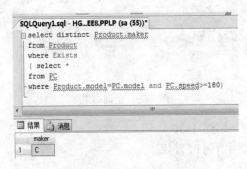

图 7-31　查询结果

[**案例 26**]　查询便携式电脑具有最小有 1.00G 并且速度大于 130 的生产型号、厂商和价格。

案例分析：本题考查的是关系的自然连接和复杂查询。详细分解请见第 2 章。

关系代数：

$$\pi_{Product.model.Product.maker,Laptop.Price}(\sigma_{Laptop.hd\geq1.10\wedge Laptop.speed>130}(Product \bowtie laptop))$$

T-SQL 语句：

```
select Product.model, maker, price
from Product inner join Laptop
on Product.model=Laptop.model
where hd>=1.00 and speed>130
```

或

```
select Product.model, maker, price
from Product, Laptop
where Product.model=Laptop.model and hd>=1.00 and speed>130
```

查询结果如图 7-32 所示。

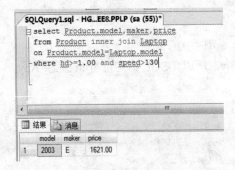

图 7-32　查询结果

4.　自身连接

格式：from 表名1　a　join　表名1　b on 连接表达式　where 逻辑表达式

或 from 表名 1　　a，表名 1　　b where 连接表达式 And 逻辑表达式

［案例 27］ 找出既销售便携式电脑，又销售个人电脑（PC）的厂商。

案例分析：本题可以采用多种方法进行求解，第一种方法采用自身连接操作；第二种方法采用集合交操作；第三种除操作；第四种嵌套（谓词 In）；第五种嵌套（谓词 Any），第六种嵌套（谓词 Exists）。详细分解请见第 2 章。

（1）第一种方法：自身连接。

关系代数：

$$P_1 \leftarrow \rho_{P1}(product)；\quad P_2 \leftarrow \rho_{P2}(product)$$

$$\pi_{P1.maker}(\sigma_{P1.type='\text{个人电脑}' \land P2.type='\text{便携式电脑}'})(P1 \underset{P1.maker=P2.maker}{\bowtie} P2))$$

T-SQL 语句：

```
select distinct P1.maker
from Product P1, Product P2
where P1.type='Laptop' and P2.type='PC' and P1.maker=P2.maker
```

或

```
select distinct P1.maker
from Product P1 inner join Product P2
on  P1.maker = P2.maker
where P1.type='Laptop' and P2.type='PC'
```

查询结果如图 7-33 所示。

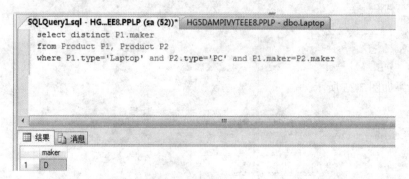

图 7-33　查询结果

（2）第二种方法：集合运算（交操作）。

关系代数：$\pi_{maker}(\sigma_{type='PC'}(Product)) \bigcap \pi_{maker}(\sigma_{type='Laptop'}(Product))$

T-SQL 语句：

```
select distinct maker
from Product
where type='Laptop'

intersect

select distinct maker
from Product
where type='PC'
```

查询结果如图 7-34 所示。

图 7-34　查询结果

（3）第三种方法：除运算。

关系代数：$k \leftarrow \pi_{maker.type}(\sigma_{pe-个人电脑\wedge type-便携式电脑}(Product))$

$\pi_{maker}(Product) \div k$

T-SQL 语句：

```
select maker
from (select distinct maker,type from Product)R
where exists
        (select *
from(select distinct type
from Product
where type='Laptop' or type='PC')K
where R.type =K.type)
group by maker
having count(*)>1
```

查询结果如图 7-35 所示。

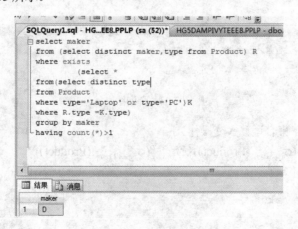

图 7-35　查询结果

分析：SQL Server 2008 没有提供专门的除运算的运算符，所以只能根据除运算的定义。

1）先建立一个临时的关系 K。

$$K \leftarrow \begin{array}{|l|} \hline Type \\ \hline PC \\ \hline Laptop \\ \hline \end{array}$$

对应的 SQL 语句为:

```
select * from(select distinct type from Product where type='Laptop' or type='PC')K
```

查询结果如图 7-36 所示。

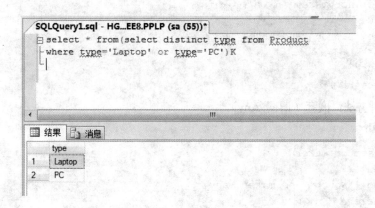

图 7-36　查询结果

2) 投影 Product 表的 maker 属性和 type 属性,查询出每个厂商都销售哪些产品,并将其定义为临时关系 R。

对应的 SQL 语句为:

```
select * from (select distinct maker,type from Product)R
```

查询结果如图 7-37 所示。

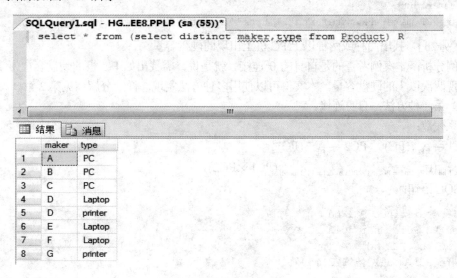

图 7-37　查询结果

3) 很显然,用临时关系 R 除以临时关系 K 即可得到题解。由于 SQL Server 2008 没有提供专门的除运算的运算符,所以通常我们采用分组统计的方法进行求解,即先用谓词 Exists 去除不满足临时关系的元组,如厂商 H、I、D 和 E 的 Printer 元组,然后按照分组制造商分组筛选出计数大于 1 的元组，最终得到满足临时关系 K 的元组。

（4）第四种方法：嵌套（谓词 In）。

T-SQL 语句：

```
select distinct maker
from Product
where type='Laptop' and maker in
(select maker
from Product
where type='PC')
```

（5）第五种方法：嵌套（谓词 Any）。

T-SQL 语句：

```
select distinct maker
from Product
where type='Laptop' and maker =any
(select maker
from Product
where type='PC')
```

（6）第六种方法：嵌套（谓词 Exists）。

T-SQL 语句：

```
select distinct maker
from Product P1
where exists
( select *
from Product P2
where P1.maker=P2.maker and P1.type='PC' and P2.type='Laptop')
```

[案例 28]　找出两种或两种以上 PC 机上出现的硬盘容量。

案例分析：本案例考查的是自身的 θ 连接。就是说，需找出如 PC 机的硬盘容量为 1.6、2.5 这样出现两次以上的硬盘容量。本案例可以使用多种方法实现。详细分解请见第 2 章。

（1）第一种方法：自身连接。

关系代数：

$PC1 \leftarrow \rho_{PC1}(PC)$，$PC2 \leftarrow \rho_{PC2}(PC)$，

$\pi_{PC1.hd}(\sigma_{PC1.hd = PC2.hd \wedge PC1.model \neq PC2.model}(PC1 \times PC2))$

T-SQL 语句：

```
select distinct PC1.hd
from PC PC1 inner join PC PC2
on PC1.hd=PC2.hd
where PC1.model != PC2.model
```

或

```
select distinct PC1.hd
from PC PC1，PC PC2
where PC1.hd=PC2.hd and PC1.model != PC2.model
```

查询结果如图 7-38 所示。

```
SQLQuery1.sql - HG...EE8.PPLP (sa (55))*
  select distinct PC1.hd
    from PC PC1 inner join PC PC2
    on PC1.hd=PC2.hd
    where PC1.model != PC2.model

```

	hd
1	1.6
2	2.5

图 7-38　查询结果

（2）第二种方法：嵌套（谓词 Any）。

T-SQL 语句：

```
select distinct hd
from PC PC1
where model <>any
( select model
from PC PC2
where PC1.hd = PC2.hd)
```

（3）第三种方法：嵌套（谓词 Exists）。

T-SQL 语句：

```
select distinct hd
from PC PC1
where Exists
( select *
from PC PC2
where PC1.model!=PC2.model and PC1.hd = PC2.hd)
```

（4）第四种方法：分组统计。

扩展的关系代数（允许聚集函数）：$\pi_{hd,count(hd)}(\sigma_{count(hd)\geq 2}(PC))$

T-SQL 语句：

```
select hd, count(hd)as '出现次数'
from PC
group by hd
having count(*)>=2
```

查询结果如图 7-39 所示。

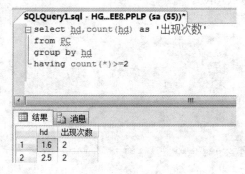

```
SQLQuery1.sql - HG...EE8.PPLP (sa (55))*
  select hd,count(hd) as '出现次数'
    from PC
    group by hd
    having count(*)>=2
```

	hd	出现次数
1	1.6	2
2	2.5	2

图 7-39　查询结果

[案例 29] 找出速度相同且 ram 相同的成对的 PC 型号。一对型号只列出一次。

案例分析：本案例考查的是自身的 θ 连接。本案例可以使用多种方法实现。详细分解请见第 2 章。

（1）第一种方法：自身连接。

关系代数：

$PC1 \leftarrow \rho_{PC1}(PC)$，$PC2 \leftarrow \rho_{PC2}(PC)$，

$\pi_{PC1.model,PC2.model}(\sigma_{PC1.ram=PC2.ram \wedge PC1.speed=PC2.speed \wedge PC1.model < PC2.model}(PC1 \times PC2))$

T-SQL 语句：

```
select PC1.model, PC2.model
from PC PC1 inner join PC PC2
on PC1.model < PC2.model
where PC1.ram = PC2.ram and PC1.speed = PC2.speed
```

或

```
select PC1.model, PC2.model
from PC PC1, PC PC2
where PC1.model < PC2.model and PC1.ram = PC2.ram and PC1.speed = PC2.speed
```

查询结果如图 7-40 所示。

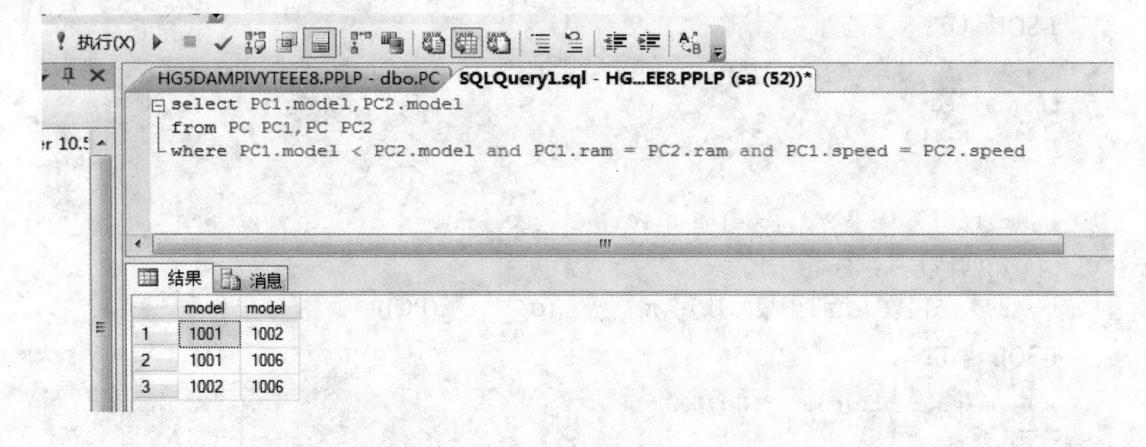

图 7-40　查询结果

（2）第二种方法：嵌套（Any）。

T-SQL 语句：

```
Select PC1
Select PC1.model
from PC PC1
where PC1.model <any
( select PC2.model
  from PC PC2
where PC1.speed=PC2.speed and PC1.ram=PC2.ram)
```

查询结果如图 7-41 所示。

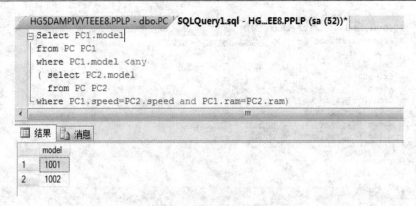

图 7-41   查询结果

（3）第三种方法：嵌套（谓词 Exists）。

T-SQL 语句：

```
select PC1.model
from PC PC1
where Exists
( select PC2.model
from PC PC2
where PC1.model<PC2.model and PC1.speed=PC2.speed and PC1.ram=PC2.ram)
```

[案例30]   找出生产最高速度 PC 机的厂商。

案例分析： 本题考查 θ 连接和求最大值。本案例可以使用多种方法实现。详细分解请见第 2 章。

（1）第一种方法：θ 连接与集合差运算。

关系代数：

$PC1 \leftarrow \rho_{PC1}(PC)$，$PC2 \leftarrow \rho_{PC2}(PC)$，

$R \leftarrow \pi_{PC1.model,PC1.speed}(\sigma_{PC1.speed<PC2.speed \wedge PC1.model \neq PC2.model}(PC1 \times PC2))$

$K \leftarrow \rho_K(PC1 - R)$，

$\pi_{Product.model,Product.maker,K.speed}(\sigma_{Product.model = K.model}(Product \times K))$

T-SQL 语句：

```
select distinct Product.model, maker, K.speed
from ( select model, speed
from PC
except
select PC1.model, PC1.speed
from PC PC1 inner join PC PC2
on PC1.model != PC2.model
where PC1.speed < PC2.speed)K, Product
where Product.model=K.model
```

查询结果如图 7-42 所示。

分析：

1）首先进行命名运算，将原关系改名为两个关系 PC1 和 PC2，并且进行自身连接，将结果集进行赋值运算，组成一个新的关系 R，代码如下所示：

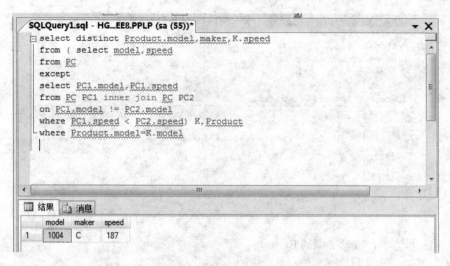

图 7-42　查询结果

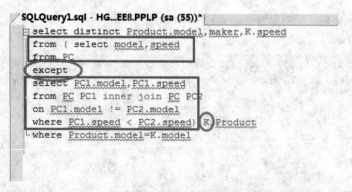

2）用原关系和新关系 R 进行差运算，目的是求出最高速 PC 机的型号和速度，因为关系 R 中 speed 属性列包含最小速度，一定不包含最高速度。并将结果集进行赋值运算，组成一个新的关系 K，代码如下所示：

3）最后将临时关系 K 与 Product 关系进行连接，求解最高速的厂商信息。

（2）第二种方法：嵌套（谓词 in 和聚集函数 max）。

扩展的关系代数：

$$R \leftarrow \pi_{model,max(speed)}(PC)，\pi_{Product.maker,Product.model}(\sigma_{Product.model=R.model}(Product \times R))$$

T-SQL 语句：

```
select model,maker
from Product
where model in
( select model
from PC
where speed in
( select max(speed)
from PC))
```

查询结果如图 7-43 所示。

图 7-43　查询结果

[案例 31] 找出至少生产三种不同速度的 PC 机的厂商。

案例分析：本题考查 θ 连接。本案例可以使用多种方法实现。详细分解请见第 2 章。

（1）第一种方法：θ 连接。

关系代数：

$$R \leftarrow \pi_{\text{Product.model,Product.maker,PC.speed}} (\sigma_{\text{Product.model=PC.model}})(\text{Product} \times \text{PC})$$

$$R1 \leftarrow \rho_{R1}(R)，R2 \leftarrow \rho_{R2}(R)，R3 \leftarrow \rho_{R3}(R)$$

$$\pi_{\text{R1.maker}} (\sigma_{\text{R1.maker=R2.maker=R3.maker} \land \text{R1.model} \neq \text{R2.model} \neq \text{R3.model} \land \text{R1.speed} \neq \text{R2.speed} \neq \text{R3.speed}})(R1 \times R2 \times R3)$$

T-SQL 语句：

```
select distinct R1.maker
from ( select Product.model, maker, speed
from Product inner join PC
on Product.model =PC.model)R1,
( select Product.model, maker, speed
from Product inner join PC
on Product.model =PC.model)R2,
( select Product.model, maker, speed
from Product inner join PC
on Product.model =PC.model)R3
where R1.model!=R2.model and R1.model!=R3.model and R2.model!= R3.model and
R1.speed !=R2.speed and R1.speed!=R3.speed and R2.speed!= R3.speed and
R1.maker=R2.maker and R1.maker=R3.maker and R2.maker= R3.maker
```

查询结果如图 7-44 所示。

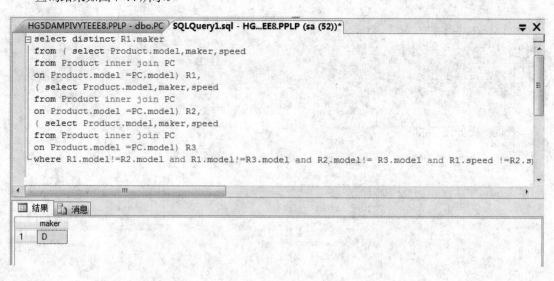

图 7-44　查询结果

（2）第二种方法：分组统计。

扩展的关系代数（允许聚集函数）：$\pi_{\text{Product.model,maker}}(\sigma_{\text{count(speed)}\geqslant 3}(\text{Product}\times\text{PC}))$

T-SQL 语句：

```
select maker,count(distinct speed)as 'difcount'
from Product inner join PC
on Product.model=PC.model
group by maker
having count(distinct speed)>=2
```

查询结果如图 7-45 所示。

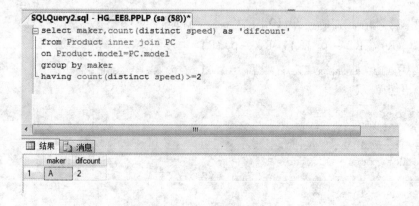

图 7-45　查询结果

注意：在投影厂商和速度时，需要先去除厂商和速度均相同的元组，然后再进行统计。

7.3.4　外连接

外连接与内连接不同，内连接只是输出满足连接条件的元组。而外连接则以指定表为连接主体，同时将主体表中那些不满足连接条件的元组也一并输出。外连接分为左连接（LEFT JOIN）或左外连接（LEFT OUTER JOIN）、右连接（RIGHT JOIN）或右外连接（RIGHT OUTER JOIN）、全连接（FULL JOIN）或全外连接（FULL OUTER JOIN）。我们就简单地称为：左连接、右连接和全连接。左向外连接的结果集返回的是左表的所有行。右外连接的结果集返回的是右表的所有行。全外连接的结果集返回的是左表和右表的所有行。

1. 左外连接

返回左表中的所有行，如果左表中行在右表中没有匹配行，则结果中右表中的列返回空值。

格式：from 表名 1 left ［outer］ join 表名 2 on 连接表达式

加入表 1 没形成连接的元组，表 2 列为 NULL。

说明：outer 可以省略。

［案例 32］ 向关系 Product 中插入一条记录，该条记录为：（1011，A，PC），在 PC 机中没有相应的详细信息，用以表示该产品已经停产滞销。下面请你将 Product 关系和 PC 关系进行左外连接，显示所有市面上流通的产品的详细信息。

案例分析：本案例考查左外连接。

T-SQL 语句：

```
insert into Product values('1011', 'A', 'PC')
select *
from Product left outer join PC
on Product.model =PC.model
```

查询结果如图 7-46 所示。

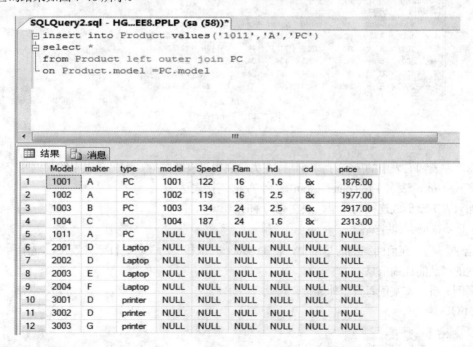

图 7-46　查询结果

2. 右外连接

恰与左连接相反，返回右表中的所有行，如果右表中行在左表中没有匹配行，则结果中左表中的列返回空值。

格式：from 表名 1 right ［outer I join 表名 2 on 连接表达式

加入表 2 没形成连接的元组，表 1 列为 NULL。

说明：outer 可以省略。

[**案例 33**] 向关系 PC 中插入一条记录，该条记录为：（2003，200，32，1.6，8x，2600），在 Product 表中没有相应的信息，用以表示该产品刚刚研制，尚未出厂营销。下面请你将 Product 关系和 PC 关系进行右外连接，显示所有市面上流通的 PC 机的详细信息。

案例分析：本案例考查右外连接。

T-SQL 语句：

```
insert into PC values('2003', 200, 32, 1.6, '8x', 2600)
select *
from Product right outer join PC
on Product.model =PC.model
```

查询结果如图 7-47 所示。

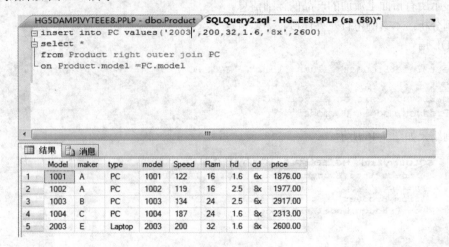

图 7-47　查询结果

3. 全外连接

返回左表和右表中的所有行。当某行在另一表中没有匹配行，则另一表中的列返回空值。

格式：from 表名 1 full outer 　join 表名 2 on 连接表达式

加入表 1 没形成连接的元组，表 2 列为 NULL。

说明：outer 可以省略。

[**案例 34**] 在前面案例的基础上，将 Product 关系和 PC 关系进行全外连接，显示所有市面上流通的产品的详细信息。

案例分析：本案例考查全外连接。

T-SQL 语句：

```
select *
from Product full outer join PC
on Product.model =PC.model
```

查询结果如图 7-48 所示。

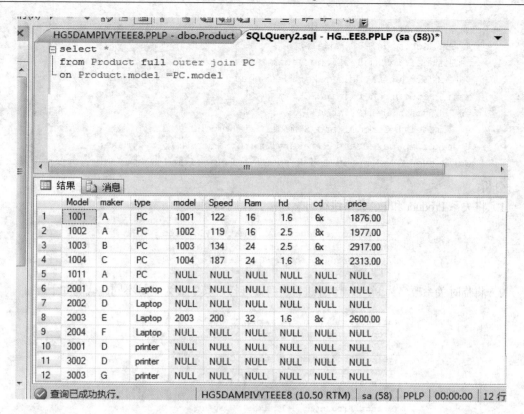

图 7-48　查询结果

7.3.5　多表连接

格式：from 表名 1 join 表名 2 on 连接表达式 join 表名 3 on 连接表达式 And 逻辑表达式

或

from 表名列表 where 连接表达式 And 逻辑表达式

说明：最多连接 64 个表，通常 8～10 个。

[案例 35]　回顾案例 20，找出至少生产三种不同型号 PC 机的厂商。

案例分析：本案例考查的是 θ 自身连接和自然连接。本案例可以采用多种方法实现。详细分解请参见第 2 章。

（1）第一种方法：θ 自身连接和自然连接。

关系代数：

$$R \leftarrow \pi_{Product.model,Product.maker,PC.speed} (\sigma_{Product.model=PC.model})(Product \times PC)$$

$$R \leftarrow \rho_R(R)，\quad S \leftarrow \rho_S(R)，\quad T \leftarrow \rho_T(R)$$

$$\pi_{R.maker}(\sigma_{R.maker=S.maker=T.maker \wedge R.model \neq S.model \neq T.model \wedge R.speed \neq S.speed \neq T.speed})(R \times S \times T)$$

T-SQL 语句：

```
select distinct R.model, R.maker, R.speed
from (select Product.model, maker, PC.speed
     from Product inner join PC
     on Product.model=PC.model)R inner join
     (select Product.model, maker, PC.speed
```

```
    from Product inner join PC
    on Product.model=PC.model)S
    on R.model !=S.model inner join
    (select Product.model, maker, PC.speed
    from Product inner join PC
    on Product.model=PC.model)T
    on R.model !=T.model and S.model != T.model
where R.maker =S.maker and R.maker=T.maker and S.maker=T.maker
    and R.speed !=S.speed and R.speed !=T.speed and S.speed !=T.speed
```

分析:

1) 将关系 Product 和 PC 关系进行自然连接。代码如下:

```
select Product.model,maker,PC.speed
from Product inner join PC
on Product.model=PC.model
```

2) 将临时关系改名为 R、S、T 并进行自身 θ 连接,其中 θ 为型号不同。代码如下:

```
(select Product.model,maker,PC.speed
from Product inner join PC
on Product.model=PC.model) R inner join
(select Product.model,maker,PC.speed
from Product inner join PC
on Product.model=PC.model) S
on R.model !=S.model inner join
(select Product.model,maker,PC.speed
from Product inner join PC
on Product.model=PC.model) T
on R.model !=T.model and S.model != T.model
```

3) 在结果集中选择速度不同、厂商相同的元组,并投影厂商、型号和速度。
查询结果如图 7-49 所示。

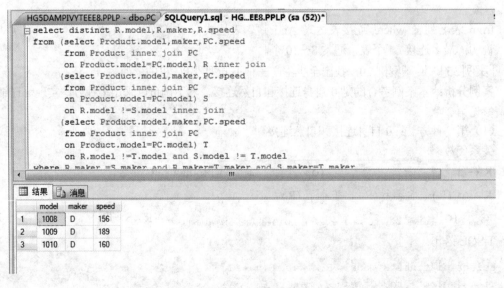

图 7-49　查询结果

(2) 第二种方法:分组统计,参见案例 20。

7.4　嵌套子查询

在一个 SELECT 语句的 WHERE 子句或 HAVING 子句中嵌套另一个 SELECT 语句的查询称为嵌套查询，又称子查询。

7.4.1　[NOT] IN 子查询

格式：列名［not］in （常量表）|（子查询）
说明：列值被包含或不（not）被包含在集合中。
等价：列名=any（子查询）

7.4.2　比较子查询

1.　ALL 子查询
列名：比较符 all（子查询）
说明：子查询中的每个值都满足比较条件。
[案例36] 统计出高于 PC 机平均价格的 PC 机的信息。
案例分析：本案例考查的是统计分析。
扩展的关系代数（允许聚集函数）：

$$\pi_{model,speed,ram,hd,cd,price}(\sigma_{price \geq avg(price)}(PC))$$

T-SQL 语句：

```
select *
from PC
where price >=all
    (select avg(price)from PC)
```

查询结果如图 7-50 所示。

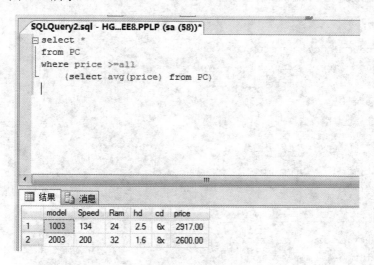

图 7-50　查询结果

2.　ANY | Some 子查询
列名：比较符 any|some（子查询）

说明：子查询中的任一个值满足比较条件。

案例详见连接部分。

7.4.3 ［NOT］EXISTS 子查询

功能：用集合运算实现元组与（子查询）之间的比较。

说明：子查询中空或非空。

案例详见连接部分。

7.5 关系的集合查询

7.5.1 关系的集合并运算（UNION 操作符）

格式：SELECT_1 UNION ［ALL］

　　　SELECT_2 UNION ［ALL］

　　　……

　　　SELECT_n

［案例37］ 找出厂商 D 生产的所有产品的型号和价格。

案例分析：本案例考查的是集合并操作。首先通过自然连接、选择和投影将厂商 D 生产的 PC 机查询出来，同理，查询出 D 厂商生产的便携式电脑和打印机。然后，进行集合并操作，查出最终的结果集。详细分解请见第 2 章。

关系代数：

$$\pi_{Product.model,PC.price}(\sigma_{Product.maker-D}(Product \bowtie PC))$$

$$U\pi_{Product.model,Laptop.price}(\sigma_{Product.maker-D}(Product \bowtie Laptop))$$

$$U\pi_{Product.model,Printer.price}(\sigma_{Product.maker-D}(Product \bowtie Printer))$$

T-SQL 语句：

```
select Product.model, price
from Product inner join PC
on Product.model =PC.model
where maker='D'
union
select Product.model, price
from Product inner join Laptop
on Product.model=Laptop.model
where maker='D'
union
select Product.model, price
from Product inner join Printer
on Product.model=Printer.model
where maker='D'
```

查询结果如图 7-51 所示。

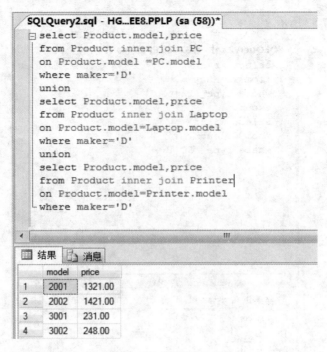

图 7-51　查询结果

7.5.2　集合交操作（Intersect 运算符）

格式：SELECT_1 Intersect

　　　SELECT_2 Intersect

　　　……

　　　SELECT_n

集合运算（交操作）的案例请见案例 27。

7.5.3　集合差操作（Except 运算符）

格式：SELECT_1 Except

　　　SELECT_2 Except

　　　……

　　　SELECT_n

［案例 38］　找出销售便携式电脑，但不销售个人电脑（PC）的厂商。

案例分析： 本案例考查的是集合差操作，本案例可以采用多种方法求解，详细分解请详见第 2 章。

（1）第一种方法：集合运算（差操作）。

```
select maker
from Product
where type='Laptop'
except
select maker
from Product
where type='PC'
```

查询结果如图 7-52 所示。

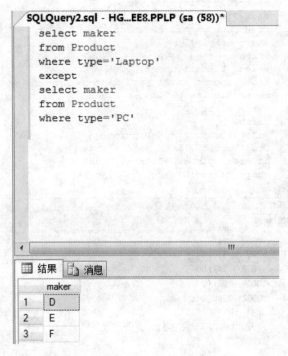

图 7-52　查询结果

（2）第二种方法：除运算。

关系代数：$K \leftarrow \pi_{maker,type}(\sigma_{type='PC' \vee type='Laptop'}(Product))$

$\pi_{maker}(\sigma_{type='Laptop'}(Product)) - \pi_{maker,type}(Product) \div K$

T-SQL 语句：

```
select maker from Product where type='Laptop'
except
select maker
from (select distinct maker,type from Product)R
where exists
    (select *
    from(select distinct type
        from Product
        where type='Laptop' or type='PC')K
    where R.type =K.type)
group by maker
having count(*)>1
```

查询结果如图 7-53 所示。

分析：

1）先在 Product 表中查询出销售便携式电脑的厂商。

2）然后查询出既销售便携式电脑，又销售个人电脑的厂商。分析见案例 27。

3）最后用集合差求解只销售便携式电脑，但不销售个人电脑的厂商。

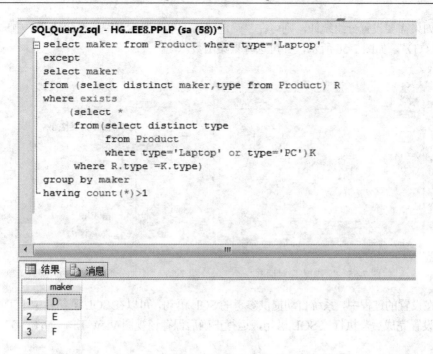

```
SQLQuery2.sql - HG...EE8.PPLP (sa (58))*
select maker from Product where type='Laptop'
except
select maker
from (select distinct maker,type from Product) R
where exists
     (select *
      from(select distinct type
           from Product
           where type='Laptop' or type='PC')K
      where R.type =K.type)
group by maker
having count(*)>1
```

	maker
1	D
2	E
3	F

图 7-53　查询结果

7.6　视　　图

视图是指计算机数据库中的视图，是一个虚拟表，其内容由查询定义。同真实的表一样，视图包含一系列带有名称的列和行数据。但是，视图并不在数据库中以存储的数据值集形式存在。行和列数据来自由定义视图的查询所引用的表，并且在引用视图时动态生成。即视图所对应数据并没有存放在视图结构存储的数据库中，而是存储在视图所引用的表中。

7.6.1　创建视图

创建视图的方法有两种。一种是使用 Management Studio 创建视图；另一种是使用 T-SQL 语句创建视图。

1. 使用 Management Studio 创建视图

［案例 39］　创建视图，检索出厂商 D 生产的所有产品的型号、类型。

案例分析：

（1）在"对象资源管理器"中，右键单击 PPLP 数据库的"视图"节点或该节点中的任何视图，从快捷菜单中选择"新建视图"，如图 7-54 所示。

（2）在弹出"添加表"对话框中选择所需的表 Product 或视图等，再单击"添加"，如图 7-55 所示。

（3）在"视图设计器"中选择要投影的列，选择条件等。其中，"或…"选项列可以用于创建 Where 子句的逻辑表达式。

图 7-54　新建视图

（4）如果需要设置分组统计，则可在"筛选器"上单击鼠标右键，在快捷菜单中选择"添加分组依据（G）"，如图 7-56 所示，并可选择聚集函数。

图 7-55　"添加表"对话框　　　　图 7-56　"添加分组依据（G）"级联菜单

（5）在设置的过程中，系统自动提供参考的 SQL 语句，可以在 SQL 语句栏中手工进行修改。

（6）设置完成后，执行该 SQL 语句，运行正确后保存该视图 View_EP，如图 7-57 所示。

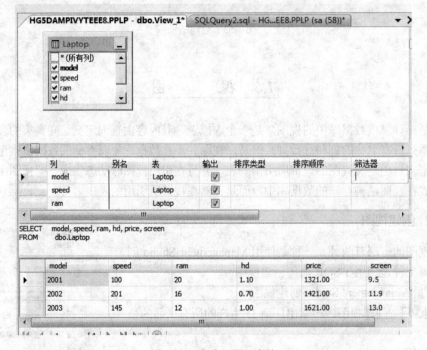

图 7-57　"保存视图"窗体

2．使用 T-SQL 语句创建视图

格式：

CREATE VIEW 视图名

AS SELECT 子句

[案例 40]　创建视图，检索生产最小内存的 PC 机信息。

案例分析：新建一个查询，输入以下代码：

```
use PPLP
GO
create view View_min_ram as     --创建视图
( select *
from PC
where ram in
(select min(ram)from PC))
Go
select * from View_min_ram      --检查视图
```

执行结果如图 7-58 所示。

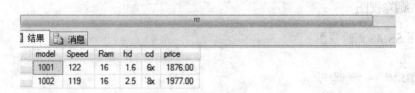

图 7-58   执行结果

7.6.2   修改视图

1. 使用 Management Studio 修改视图

（1）在"对象资源管理器"中，选择具体要修改的视图单击鼠标右键，在快捷菜单中选择"修改"选项。

（2）弹出"视图"对话框，即可进行修改。

2. 使用 T-SQL 语句修改视图

格式：ALTER VIEW 视图名

　　　　AS SELECT 子句

[案例 41]   修改视图，检索生产最小内存的 PC 机的型号、速度和内存。

案例分析：新建一个查询，输入以下代码：

```
use PPLP
GO
Alter view View_min_ram as      --修改视图
( select model, speed, ram
from PC
where ram in
```

```
(select min(ram)from PC))
Go
select * from View_min_ram    --检查视图
```

查询结果如图 7-59 所示。

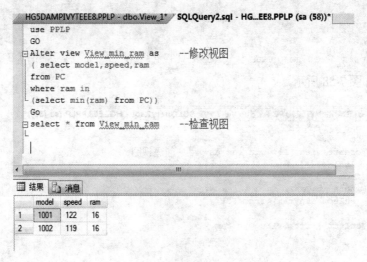

图 7-59　查询结果

7.6.3　删除视图

1. 使用 SSMS 删除视图

三种方法:

(1)"编辑"→"删除"。

(2)快捷菜单→"删除"。

(3)DELETE 键。

2. 使用 T-SQL 语句删除视图

格式: DROP VIEW　视图名

[案例 42] 删除视图 View_min_ram。

案例分析: 新建一个查询,输入以下代码:

```
use PPLP
GO
drop View view_min_ram
```

查询结果如图 7-60 所示。

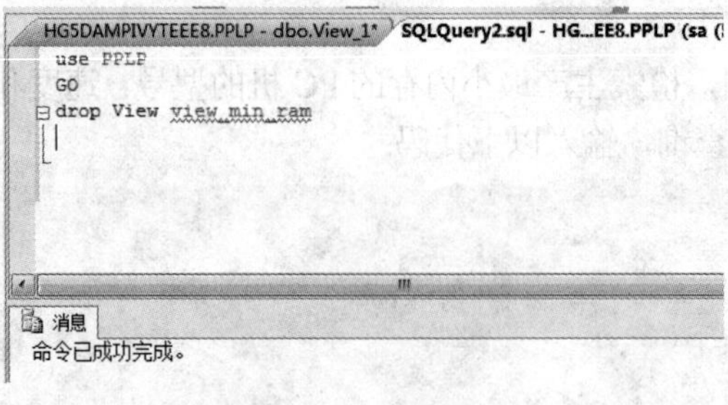

图 7-60　查询结果

7.6.4 使用视图

[案例 43] 利用视图，求解案例 37。

案例分析：新建一个查询，输入以下代码：

```
use PPLP
GO
create view View_minram as
(select model, speed, ram
 from PC
 where ram in
   (select min(ram) from PC))
GO
create view View_maxspeed as
(select model, speed, ram
 from View_minram
 where speed in
   (select max(speed) from View_minram))
GO
select distinct Product.model, maker, speed
from Product inner join View_maxspeed
on Product.model=View_maxspeed.model
```

查询结果如图 7-61 所示。

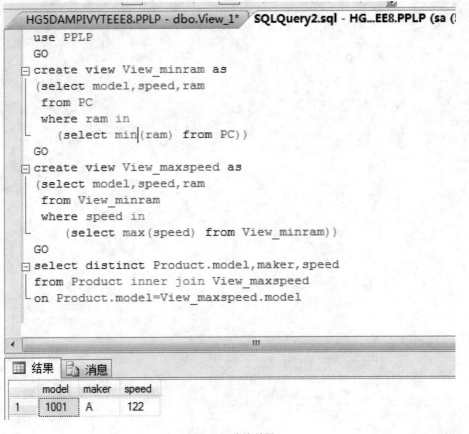

图 7-61 查询结果

7.7　小　　结

　　本章通过实例讲解了基于关系代数理论的强大的 SQL 查询语句，即单表的查询、连接查询、嵌套查询、多表连接查询，并进一步讲解了基于扩展关系代数的广义投影查询、外连接查询、分组统计查询，然后讲解了视图和临时表的概念，以及它们之间的区别与使用技巧。最后讲解了创建关系图的方法。通过本章的学习，应掌握 SQL 的多表查询功能，以及视图和临时表的操作技巧，从而在实际的应用程序开发中更加灵活地运用数据库的查询功能。

第 8 章

SQL 高级应用

 本章导读

▸ 了解 T-SQL 的基本知识，掌握表达式中典型的函数应用，掌握 T-SQL 常用的语句以及简单应用。

▸ 掌握存储过程和触发器的基本概念。

▸ 学会编写简单的存储过程和触发器，并对其应用有较好的理解。

8.1　T-SQL 语言基础

8.1.1　标识符

1. 标识符分类

（1）常规标识符（严格遵守标识符格式规则）。

（2）界定标识符（引号'或方括号 []）。

标识符格式规则：

（1）字母或_、@、#开头的字母数字或_、@、$序列。

（2）不与保留字相同。

（3）长度小于 128。

（4）*不符合规则的标识符必须加以界定（双引号""或方括号 []）。

2. 对象命名规则

服务器名.数据库名.拥有者名.对象名

3. 注释

注释语句是不执行语句，只起到注释作用，方便数据库开发人员阅读程序。

（1）ANSI 标准注释符：用于单行注释。

（2）与 C 语言相通的程序注释符号，即"/*""/*"，其中"/*"用于注释的开头，而"*/"用于注释的结尾，可在程序中表示多行文字为注释。

注释多行：

```
/* Hello! /* and */ There are signs of remark.
欢迎! /* 和*/ 它们是注释符号。*/
```

注释单行：

--这是一个单行注释

8.1.2 数据类型

所谓数据类型就是以数据的表现方式和存储方式来划分的数据种类。在 SQL Server 2008 中数据类型分为：整型、浮点型、二进制型、逻辑型字符型、文本型、图形型、日期时间型、货币型、特定数据型、自定义类型、表型。见表 8-1。

表 8-1　　　　　　　　　　　　　　　　数 据 类 型

数据类型	描　　述
CHAR （n）	字符/字符串。固定长度 n
VARCHAR （n）	字符/字符串。可变长度。最大长度 n
BINARY （n）	二进制串。固定长度 n
BOOLEAN	存储 TRUE 或 FALSE 值
VARBINARY （n）	二进制串。可变长度。最大长度 n
INTEGER （p）	整数值（没有小数点）。精度 p
SMALLINT	整数值（没有小数点）。精度 5
INTEGER	整数值（没有小数点）。精度 10
BIGINT	整数值（没有小数点）。精度 19
DECIMAL （p, s）	精确数值，精度 p，小数点后位数 s。例如：decimal （5，2） 是一个小数点前有 3 位数小数点后有 2 位数的数字
NUMERIC （p, s）	精确数值，精度 p，小数点后位数 s（与 DECIMAL 相同）
FLOAT （p）	近似数值，尾数精度 p。一个采用以 10 为基数的指数计数法的浮点数。该类型的 size 参数由一个指定最小精度的单一数字组成
REAL	近似数值，尾数精度 7
FLOAT	近似数值，尾数精度 16
DOUBLE PRECISION	近似数值，尾数精度 16
DATE	存储年、月、日的值
TIME	存储小时、分、秒的值
TIMESTAMP	存储年、月、日、小时、分、秒的值
INTERVAL	由一些整数字段组成，代表一段时间，取决于区间的类型
ARRAY	元素的固定长度的有序集合
MULTISET	元素的可变长度的无序集合
XML	存储 XML 数据

8.1.3 变量

变量就是内存中的一个存储区域，变量值就是存放在这个存储区域中的数据。T-SQL 语句中，变量分为局部变量和全局变量。

1. 局部变量

局部变量是用户可以自定义的变量，它的作用作用范围仅在批处理、存储过程或触发器等程

序内部。在程序执行过程中暂存变量的值，或暂存从表或视图中查询到的数据。局部变量必须以
"@" 开头，并且局部变量在使用之前要声明。

（1）变量的声明。

格式：

DECLARE

{

    @变量名 数据类型，@变量名 数据类型

}

（2）赋值。

可以用 SET 命令和 SELECT 命令。二者的区别是，SET 命令一次只能给一个变量赋值，而
SELECT 命令可以一次给多个变量赋值。赋值语句的格式是：

格式：SELECT @变量名=表达式 ［，@变量名=表达式］

或

SET   @变量名=表达式

（3）输出。

局部变量的输出可以用 PRINT，也可以使用 SELECT。PRINT 命令一次仅显示一个变量的值，
而 SELECT 命令可以一次显示多个变量的值。输出语句的格式是：

格式：Print @变量名

或

Select @变量名 ［，@变量名］

2. 全局变量

全局变量是 SQL Server 系统内部使用的变量，记录 SQL Server 服务器活动状态的一组数据，
系统提供的 30 个全局变量。作用范围并不局限于某个应用程序，而是任何程序均可随时调用，全
局变量通常用于存储一些 SQL Server 的配置设定值和效能统计数据。可以利用全局变量来测试系
统的设定值或 T-SQL 命令执行后的状态值。全局变量不是自定义的，而是由 SQL Server 服务器定
义的，只能使用预先说明及定义的全局变量，引用时，必须以 "@@" 开头，局部变量的名称不
能与全局变量的名称相同，否则就会在程序中出错。输出的格式：

格式：Print @@变量名

或

Select @@变量名

8.1.4 函数

SQL Server 2008 提供了一些内置函数，用户可以使用这些函数方便地实现一些功能。以下举
例说明一些常用的函数，其他函数请参考联机手册。

（1）聚合函数。COUNT，SUM，AVG，MAX，MIN 在第 6 章介绍过。

（2）日期时间函数。

DATEADD（）：返回加上一个时间的新时间。

［案例1］ 设定某一时间和日期，计算该时间百日后的时间和日期。

案例分析：在数据引擎查询文档中输入以下语句：

T-SQL 语句：

```
DECLARE @OLDTime datetime
SET @OLDTime='2018-04-16 01: 00 AM'
SELECT DATEADD(dd, 100, @OldTime)as '新时间'
```

计算结果如图 8-1 所示。

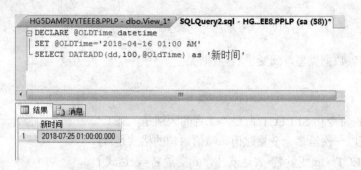

图 8-1   执行时间函数结果

DATEDIFF（）：两时间之差。

[**案例 2**]   取系统当前时间和日期，计算现距离 2018 年五一放假还有多少天。

案例分析：在数据引擎查询文档中输入以下语句：

T-SQL 语句：

```
DECLARE @FirstTime datetime, @SecondTime datetime
SELECT @FirstTime='2018/04/16 1: 00 AM', @SecondTime='2018/05/01 8: 08 AM'
SELECT DATEDIFF(dd, @FirstTime, @SecondTime)as '倒计天',
    DATEDIFF(hh, @FirstTime, @SecondTime)as '倒计时'
```

计算结果如图 8-2 所示。

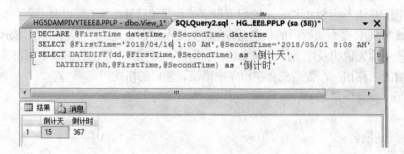

图 8-2   执行时间函数结果

DATENAME（）：返回年月日星期等字符串。

[**案例 3**]   取系统当前时间和日期，计算现距离 2018 年五一放假还有多少天。

案例分析：在数据引擎查询文档中输入以下语句：

T-SQL 语句：

```
DECLARE @StatementDate datetime
SET @StatementDate='2018 05 01 3: 00 PM'
SELECT DATENAME(dw, @StatementDate)as '星期'
```

计算结果如图 8-3 所示。

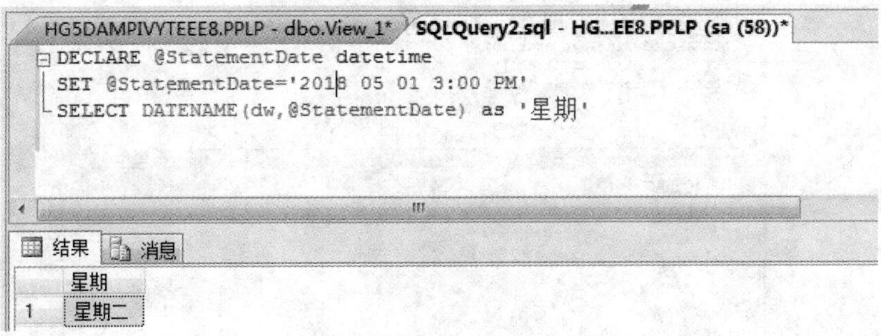

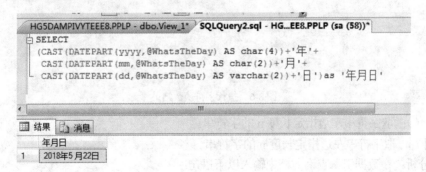

图 8-3　执行时间函数结果

DATEPART（）：返回部分日期。

[**案例 4**]　返回某一特定时间的年月。

案例分析： 在数据引擎查询文档中输入以下语句：

T-SQL 语句：

```
DECLARE @WhatsTheDay datetime
SET @WhatsTheDay='05 22 2018 3: 00 PM'
SELECT
(CAST(DATEPART(yyyy, @WhatsTheDay)AS char(4))+'年'+
 CAST(DATEPART(mm, @WhatsTheDay)AS char(2))+'月'+
 CAST(DATEPART(dd, @WhatsTheDay)AS varchar(2))+'日')as '年月日'
```

计算结果如图 8-4 所示。

图 8-4　执行时间函数结果

（3）字符函数。

ASCII（）：返回字母的 ASCII 码

[**案例 5**]　返回 A 字母的 ASCII 码。

案例分析： 在数据引擎查询文档中输入以下语句：

T-SQL 语句：

```
DECLARE @StringTest char(10)
SET @StringTest=ASCII('A')
SELECT @StringTest as 'ASCII'
```

计算结果如图 8-5 所示。

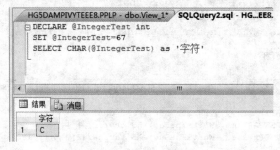

图 8-5　执行字符函数结果

CHAR（）：由 ASCII 码返回字符

[案例 6]　将 ASCII 值 67 转换成字符。

案例分析：在数据引擎查询文档中输入以下语句：

T-SQL 语句：

```
DECLARE @IntegerTest int
SET @IntegerTest=67
SELECT CHAR(@IntegerTest)as '字符'
```

计算结果如图 8-6 所示。

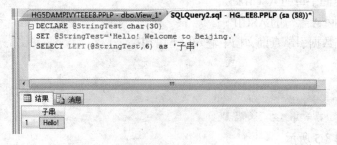

图 8-6　执行字符函数结果

LEFT（）：取字符串左边指定长度 n 的字符串。

[案例 7]　取字符串左边指定长度 n 的字符串。

案例分析：在数据引擎查询文档中输入以下语句：

T-SQL 语句：

```
DECLARE @StringTest char(30)
SET @StringTest='Hello! Welcome to Beijing.'
SELECT LEFT(@StringTest, 6)as '子串'
```

计算结果如图 8-7 所示。

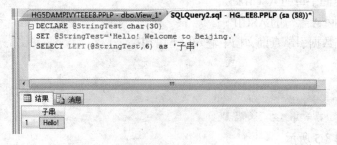

图 8-7　执行字符函数结果

RIGHT（）：取字符串右边 n 个字符

[**案例 8**] 取字符串右边 n 个字符。

案例分析：在数据引擎查询文档中输入以下语句：

T-SQL 语句：

```
DECLARE @StringTest varchar(30)
SET @StringTest='Hello! Welcome to Beijing.'
SELECT Right(@StringTest，8)as '子串'
```

计算结果如图 8-8 所示。

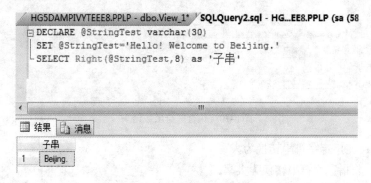

图 8-8 执行字符函数结果

SUBSTRING（）：取字符串中指定长度 n 的子串。

[**案例 9**] 取字符串中指定长度 n 的子串。

案例分析：在数据引擎查询文档中输入以下语句：

T-SQL 语句：

```
DECLARE @StringTest varchar(30)
SET @StringTest='Hello! Welcome to Beijing.'
SELECT SUBSTRING(@StringTest，8，LEN(@StringTest))as '子串'
```

计算结果如图 8-9 所示。

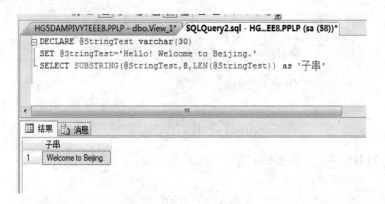

图 8-9 执行字符函数结果

LOWER（）：将指定字符串转换为小写。

[**案例 10**] 将指定字符串转换为小写。

案例分析：在数据引擎查询文档中输入以下语句：

T-SQL 语句：

```
DECLARE @StringTest varchar(30)
SET @StringTest='HELLO! WELCOME TO BEIJING.'
SELECT LOWER(@StringTest)as '小写'
```

计算结果如图 8-10 所示。

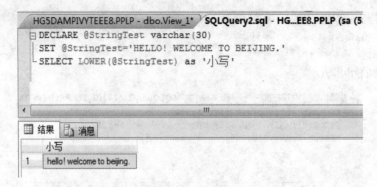

图 8-10　执行字符函数结果

UPPER（）：将指定字符串转换为大写

[案例 11]　将指定字符串转换为大写。

案例分析：在数据引擎查询文档中输入以下语句：

T-SQL 语句：

```
DECLARE @StringTest varchar(30)
SET @StringTest='hello! welcome to beijing.'
SELECT UPPER(@StringTest)as '大写'
```

计算结果如图 8-11 所示。

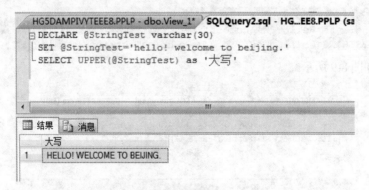

图 8-11　执行字符函数结果

STR（）：将数值转换为数字字符串

[案例 12]　将数值转换为数字字符串。

案例分析：在数据引擎查询文档中输入以下语句：

T-SQL 语句：

```
SELECT ASCII('A')+82 as '数值'
SELECT 'A'+STR(82)as '字符串'
SELECT 'A'+ LTRIM(STR(82))as '字符串'
```

计算结果如图 8-12 所示。

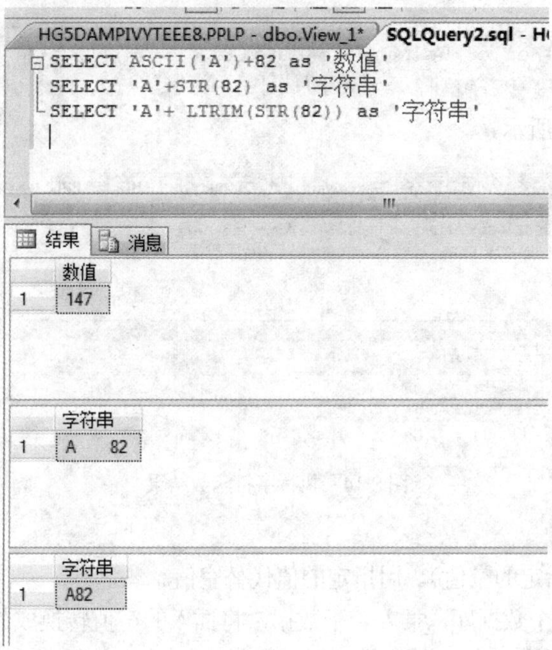

图 8-12　执行字符函数结果

LTRIM（）：去掉字符串左边的空格。

[案例 13] 去掉字符串左边的空格。

案例分析：在数据引擎查询文档中输入以下语句：

T-SQL 语句：

```
DECLARE @StringTest nvarchar(30)
SET @StringTest='   Hello! Welcome to Beijing.'
SELECT LTRIM(@StringTest)as '新字符串'
```

计算结果如图 8-13 所示。

图 8-13　执行字符函数结果

RTRIM（）：去掉字符串右边的空格。

[案例 14]　去掉字符串右边的空格。

案例分析：在数据引擎查询文档中输入以下语句：

T-SQL 语句：

```
DECLARE @StringTest nvarchar(30)
SET @StringTest='Hello! Welcome to Beijing.              '
SELECT RTRIM (@StringTest) as '新字符串'
```

计算结果如图 8-14 所示。

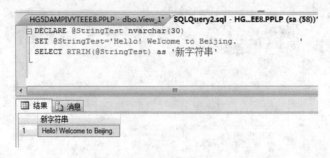

图 8-14　执行字符函数结果

（4）空值置换函数。

ISNULL（空值，指定的空值），用指定的值代替空值。

[案例 15]　创建一个数据库，插入若干数据，将插入的空值转换成数字零。

案例分析：在数据引擎查询文档中输入以下语句：

T-SQL 语句：

```
create database Test
GO
use Test
GO
create table Reader(number int, reader char(8), lendnum int)
insert into Reader values('1001', '张三', 10)
insert into Reader values('1002', '李四', 8)
insert into Reader values('1003', '王五', null)

SELECT number '编号', '读者'=reader, lendnum as '借书数量', ISNULL(lendnum, 0)AS
'空值置换'
FROM Reader
drop table Reader
```

计算结果如图 8-15 所示。

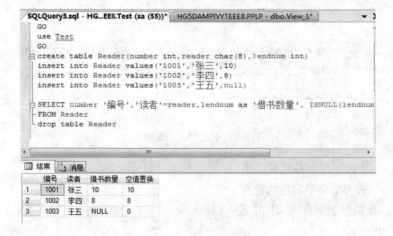

图 8-15　执行字符函数结果

8.1.5 运算符

SQL Server 2008 的运算符和其他高级语言类似，用于指定要在一个或多个表达式中执行的操作，将变量、常量和函数连接起来。见表 8-2。

表 8-2 运 算 符

优先级	运算符类别	所包含运算符
1	一元运算符	+（正）、-（负）、~（取反）
2	算术运算符	*（乘）、/（除）、%（取模）
3	算术字符串运算符	+（加）、-（减）、+（连接）
4	比较运算符	=（等于）、>（大于）、>=（大于等于）、<（小于）、<=（小于等于）、<>（或!=不等于）、!<（不小于）、!>（不大于）
5	按位运算符	&（位与）、|（位或）、^（位异或）
6	逻辑运算符	not（非）
7	逻辑运算符	and（与）
8	逻辑运算符	all（所有）、any（任意一个）、between（两者之间）、exists（存在）、in（在范围内）、like（匹配）、or（或）、some（任意一个）
9	赋值运算符	=（赋值）

8.2 流 程 控 制 语 句

T-SQL 语言支持基本的流控制逻辑，它允许按照给定的某种条件执行程序流和分支，T-SQL 提供的控制流有：IF…ELSE 分支，CASE 多重分支，while 循环结构，GOTO 语句，WAITFOR 语句和 RETURN 语句。

8.2.1 begin…end 程序块

begin…end 用来设定一个程序块，相当于 C 语言中的{}，即将 begin…end 内的所有程序视为一个单元执行，语法格式如下：

```
begin
    命令行
end
```

8.2.2 if…else 语句

制定 T-SQL 语句的执行条件。如果满足条件，则在 IF 关键字及其条件之后执行 T-SQL 语句：布尔表达式返回 TRUE。可选的 ELSE 关键字引入另一个 T-SQL 语句，当不满足 IF 条件时就执行该语句：布尔表达式返回 FALSE。
语法：

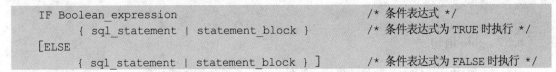

```
IF Boolean_expression                          /* 条件表达式 */
    { sql_statement | statement_block }         /* 条件表达式为 TRUE 时执行 */
[ELSE
    { sql_statement | statement_block } ]       /* 条件表达式为 FALSE 时执行 */
```

8.2.3 case 语句

计算条件列表并返回多个可能结果表达式之一。其语法格式为：

```
case 表达式
    when 条件表达式   then 结果表达式
    …
    else
        结果表达式
end
```

或

```
case
    when 条件表达式   then 结果表达式
    …
    else
        结果表达式
end
```

8.2.4 while 语句

设置重复执行 SQL 语句或语句块的条件。只要指定的条件为真，就重复执行语句。可以使用 break 和 continue 关键字在循环内部控制 while 循环中语句的执行。其语法格式为：

```
while 条件表达式
begin
    命令行或程序块
end
```

8.2.5 break 语句

break 语句一般都作为 while 循环语句的一个子句出现，其语法格式如下：

```
while 条件表达式
  begin
        命令行
    if 条件表达式
        break
  end
```

8.2.6 continue 语句

continue 语句一般也作为 while 循环语句的一个子句出现，其语法格式如下：

```
while 条件表达式
begin
        命令行或程序块
If 条件表达式
continue
        命令行或程序块
  end
```

8.2.7 goto 语句

goto 语句将执行语句无条件跳转到标识符处，并从标签位置继续处理。goto 语句和标签可在过程、批处理或语句块中的任何位置使用。其语法格式为：

goto 标识符

8.2.8 return 语句

return 语句从查询或过程中无条件退出。return 的执行是即时且完全的，可在任何时候用于从过程、批处理或语句块中退出。return 之后的语句是不执行的。如果用于存储过程，return 不能返回空值。其语法格式为：

```
return    整数或变量
```

8.2.9 waitfor 语句

waitfor 语句称为延迟语句，设定在达到指定时间或时间间隔之前，或者指定语句至少修改或返回一行之前，阻止执行批处理、存储过程或事务。其语法格式为：

```
waitfor  { DELAY 'time_to_pass'   /* 设定等待时间 */
         | TIME 'time_to_execute'  /* 设定等待带某一时刻 */
         }
```

说明：执行 WAITFOR 语句时，事务正在运行，并且其他请求不能在同一事务下运行。WAITFOR 不更改查询的语义。如果查询不能返回任何行，WAITFOR 将一直等待，或等到满足 TIMEOUT 条件（如果已指定）。

8.2.10 程序控制经典案例

[案例 16] 多用户登录系统。

如果你输入用户名：user1，密码：aaa；或用户名：user2，密码：bbb；或用户名：user3，密码：ccc，则可以成功登录到系统，如果用户名不正确，则会提示用户名不正确，如果密码不正确，则会提示密码不正确。

案例分析：具体操作步骤如下：

（1）新建一个数据库引擎查询文档，输入以下代码：

```
declare @user varchar(10), @pwd varchar(20), @msg varchar(30)
select @user='shuju', @pwd='970510'
if @user='user1'
begin
if @pwd='aaa'
set @msg='用户名与密码正确，成功登录！'
else
set @msg='密码不正确，请重新输入！'
end
else if @user='user2'
begin
if @pwd='bbb'
set @msg='用户名与密码正确，成功登录！'
else
set @msg='密码不正确，请重新输入！'
end
else if @user='user3'
begin
```

```
if @pwd='ccc'
set @msg='用户名与密码正确，成功登录！'
else
set @msg='密码不正确，请重新输入！'
end
else
set @msg='用户名不正确，请重新输入！'
Print @msg
```

（2）单击"执行"按钮，结果显示如图 8-16 所示。

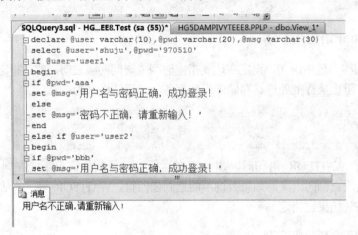

图 8-16　多用户登录执行结果

[案例 17]　与数据库相关的登录系统。

编写程序，根据后台数据中的数据，判断用户是否付存在、用户密码是否正确。如果用户名与密码都正确，则成功登录系统，如果用户名不正确，则会提示用户名不正确，如果密码不正确，则会提示密码不正确。

案例分析：具体操作步骤如下：

（1）新建一个数据库引擎查询文档，输入以下代码来创建数据库、表及插入三组数据；

```
create database Test
GO
use Test
GO
create table users(id int identity(1, 1)Primary key, --自动编号
                username varchar(10)unique,
                pwd varchar(20))
insert into users(username, pwd)values('user1', '111111')
insert into users(username, pwd)values('user2', '222222')
insert into users(username, pwd)values('user3', '333333')
```

（2）编写程序，在数据库引擎查询文档中输入如下代码：

```
declare @user varchar(10), @pwd varchar(20), @msg varchar(30), @num int, @num1 int
select @user='user1', @pwd='123456'
select @num=count(*)from users where username=@user
--利用 select 语句查询用户名是否存在
if @num>=1
  begin
        select  @num1=count(*)from  users  where  username=@user  and  pwd=@pwd
```

```
--如果用户名存在, 则查询密码是否存在
        if @num1>=1
            set @msg='用户名密码正确, 成功登录系统!'
        else
            set @msg='用户密码不正确, 请重新输入! '
    end
else
    set @msg='用户名不正确, 请重新输入! '
Print   @msg
```

（3）单击"执行"按钮，显示结果如图 8-17 所示。

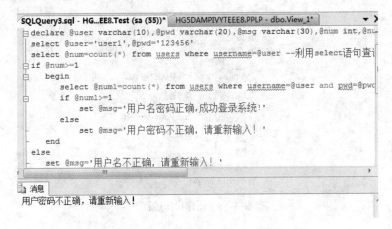

图 8-17　与数据库相关的用户登录执行结果

8.3　存　储　过　程

8.3.1　存储过程概述

存储过程（Stored Procedure）是一组编译完成存储在服务器上的完成特定功能的 T-SQL 语句集合，是某数据库的对象。客户端应用程序可以通过指定存储过程的名字并给出参数（如果该存储过程带有参数）来执行存储过程。

使用存储过程而不使用存储在客户端计算机本地的 T-SQL 程序的优点包括：

（1）允许标准组件式编程，增强重用性和共享性。

（2）能够实现较快的执行速度。

（3）能够减少网络流量。

（4）可被作为一种安全机制来充分利用。

在 SQL Server 2008 中存储过程分为三类：系统提供的存储过程、用户自定义存储过程和扩展存储过程。

系统：系统提供的存储过程，"sp_"为前缀命名，例如：sp_rename。

扩展：SQL Server 环境之外的动态链接库 DLL，xp_。

远程：远程服务器上的存储过程。

用户：创建在用户数据库中的存储过程。

临时：属于用户存储过程，#开头（局部：一个用户会话），##（全局：所有用户会话）。

8.3.2 创建用户存储过程

1. 使用 Management Studio 创建存储过程

具体操作步骤如下：

（1）在"对象资源管理器"窗口中，展开"数据库"节点，再展开所选择的具体数据库节点，再展开选择"可编程性"节点，右键单击"存储过程"，选择"新建存储过程"命令，如图 8-18 所示。

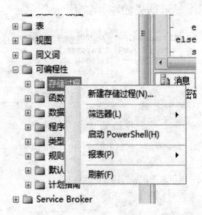

图 8-18　新建存储过程

（2）在右侧查询编辑器中新建存储过程的模板，如图 8-19 所示。用户可以在此基础上编辑存储过程，单击"执行"按钮，即可创建该存储过程。

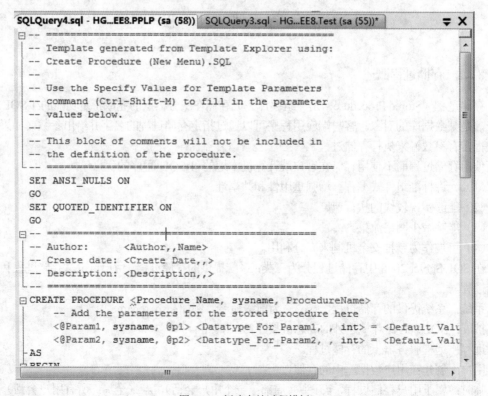

图 8-19　新建存储过程模板

2. 使用 T-SQL 语句创建存储过程

格式：

```
create  proc  过程名
   @ parameter 参数类型
······
   @parametere 参数类型 output
······
as
  begin
       命令行或命令块
  end
```

存储过程名要符合标识符命名规则，在一个数据库中，不能有同名的存储过程，创建过程时，可以没有输入参数，也可以由一个或多个输入参数，也可以定义输出参数，只需在变量名后加上 output 即可。

8.3.3　修改存储过程

1. 使用 Management Studio 修改存储过程

直接修改存储过程非常简单，选择要修改的存储过程，单击鼠标右键，在弹出的快捷菜单中选择"修改"命令，就可以利用代码修改，如图 8-20 所示。

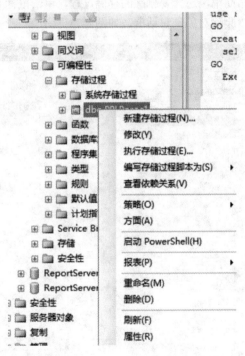

图 8-20　修改存储过程

2. 使用 T-SQL 语句修改存储过程

格式：

```
alter  proc  过程名
   @ parameter 参数类型
······
```

```
    @parametere 参数类型 output
……
as
   begin
        命令行或命令块
   end
```

其中各参数的意义与创建过程相同。

8.3.4 重命名存储过程

1. 使用 Management Studio 重命名存储过程
直接修改存储过程的名字非常简单，选择要重命名的存储过程，单击鼠标右键，在弹出的快捷菜单中选择"重命名"命令，就可以修改了。
2. 使用 T-SQL 语句修改存储过程
代码修改存储过程需要使用系统存储过程 sp_rename，其格式如下：
sp_rename 原存储过程名，新建存储过程名

8.3.5 删除存储过程

1. 使用 Management Studio 删除存储过程
直接删除存储过程非常简单，选择要删除的存储过程，单击鼠标右键，在弹出的快捷菜单中选择"删除"命令，弹出"删除对象"对话框，如图 8-21 所示。

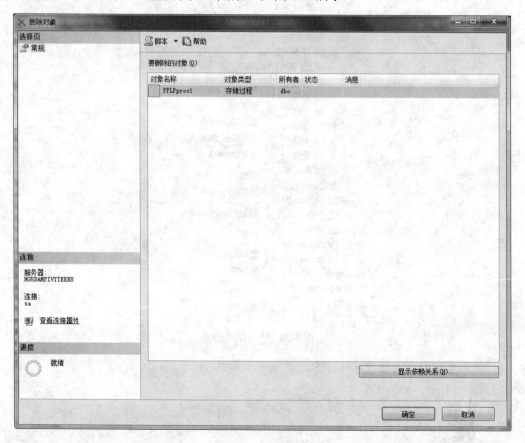

图 8-21　删除存储过程

单击"确定"按钮，即可删除该存储过程。

2．使用 T-SQL 语句删除存储过程

格式：

```
drop proc 过程名，[……]
```

8.3.6 存储过程经典案例

[案例 18] 不带参数的存储过程的创建与执行。

执行存储过程，输出 PPLP 数据库中 PC 机价格大于 2000 元的元组。

案例分析：具体操作步骤如下：

（1）新建一个数据库引擎查询文档，输入以下代码：

```
use PPLP
GO
create proc PPLPproc1 as
  select * from PC where Price>=2000
GO
  Execute PPLPproc1
```

（2）单击"执行"按钮，执行结果如图 8-22 所示。

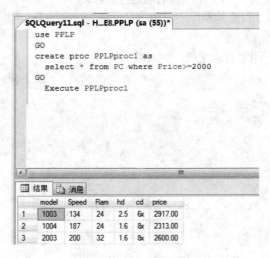

图 8-22 存储过程执行结果

[案例 19] 带有输入参数的存储过程的创建与执行。

执行存储过程，输出 PPLP 数据库中 PC 机价格在 1000～2200 元间的元组。

案例分析：具体操作步骤如下：

（1）新建一个数据库引擎查询文档，输入以下代码：

```
use PPLP
GO
create proc PPLPproc2         --创建存储过程
    @minprice numeric(6, 2),
    @maxprice numeric(6, 2)
as
  select * from PC where Price between @minprice and @maxprice
GO
  Execute PPLPproc2 1000, 2200              --执行存储过程
```

（2）单击"执行"按钮，查询 PC 机价格在 1000～2200 元的 PC 机的信息，结果如图 8-23 所示。

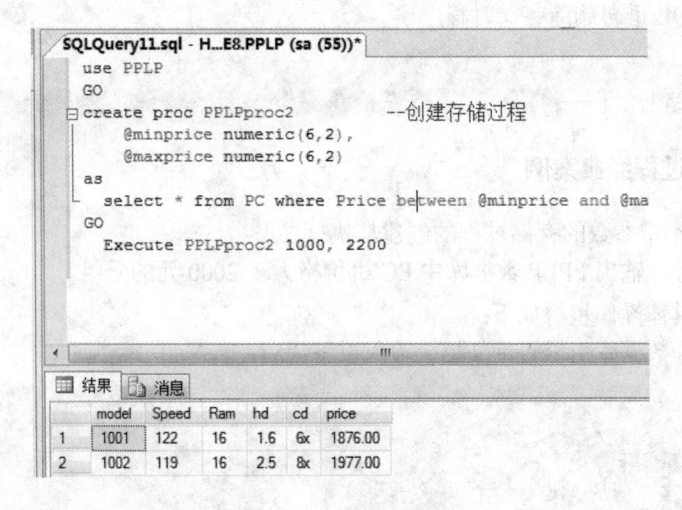

图 8-23 存储过程执行结果

[**案例 20**] 带有输出参数的存储过程的创建与执行。

执行存储过程，输出 **PPLP** 数据库中最小内存且最大速度的 **PC** 机厂商信息。

案例分析：具体操作步骤如下：

（1）新建一个数据库引擎查询文档，输入以下代码：

```
use PPLP
GO
create proc PPLPproc3          --创建存储过程
  @minram int output,
  @maxspeed int output
as
begin
 select @maxspeed=speed, @minram=ram
   from PC
   where ram in
        (select min(ram)from PC)
      and speed in
        (select max(speed)from (select * from PC where ram in (select min(ram)from PC))K)
 end
GO
declare @ram int, @speed int
Execute PPLPproc3 @ram output, @speed output    --执行存储过程
select Product.model, maker, speed as'最大速度' , ram as '最小内存'
from Product inner join PC
on Product.model=PC.model
where speed=@speed and ram=@ram
```

（2）单击"执行"按钮，查询具有最小内存且最大速度的 PC 机厂商的信息，显示结果如图 8-24 所示。

178

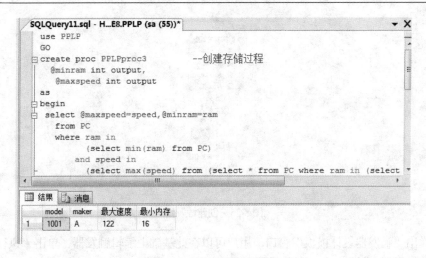

图 8-24 存储过程执行结果

<h1>8.4 触 发 器</h1>

8.4.1 触发器概述

触发器是一种特殊类型的存储过程，它不同于前面讲解的存储过程。存储过程可以通过存储过程名来调用，触发器主要是通过事件触发被执行。

触发器的主要作用是能够实现由主码和外码所不能保证的、复杂的参照完整性和数据一致性，除此之外，触发器还有以下功能：

（1）可以调用存储过程。

（2）可以强化数据条件约束。

（3）跟踪数据库内数据变化。

（4）级联和并行运行。

触发器的分类有两种，分别是事后触发器（After 触发器）、替代触发器（Instead Of 触发器）。

（1）事后触发器。事后触发器只能定义在表上，但可以针对表的同一操作定义多个触发器，可以用 sp_settriggerorder 指定表上的第一个和最后一个执行的事后触发器。在表上只能为每个 INSERT、UPDATE、DELETE 操作指定一个第一个执行和一个最后一个执行的 AFTER 触发器。如果同一个表中还有其他 AFTER 触发器，则这些触发器将以随机顺序执行。

（2）替代触发器。替代触发器与事后触发器最大的不同是，该触发器并不执行于定义的操作，如 INSERT、UPDATE、DELETE 操作，而仅仅是执行触发器本身代码。该触发器一般只定义在视图上，也可以定义在表上，但对于每种操作 INSERT、UPDATE、DELETE，只能定义一个替代触发器。

8.4.2 创建触发器

1. 使用 Management Studio 创建触发器

（1）在"对象资源管理器"窗口中，展开"数据库"节点，再展开所选择的具体数据库节点，再展开"表"节点，右键单击要创建触发器的"表"，选择"新建触发器"命令，如图 8-25 所示。

图 8-25 创建触发器

（2）弹出"触发器设计模板"窗口，用户可以在此基础上编辑触发器，单击"执行"按钮，即可创建该触发器。如图 8-26 所示。

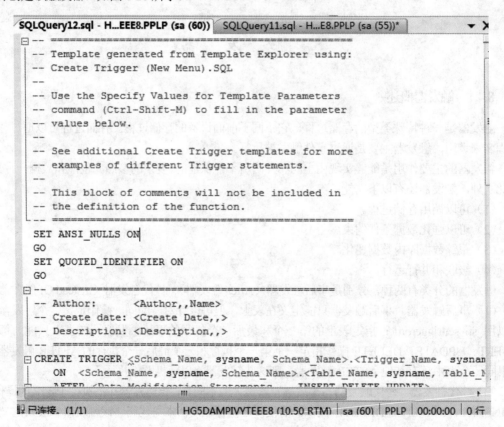

图 8-26 创建触发器模板

2. 使用 T-SQL 语句创建存储过程

格式：

（1）事后触发器：

CREATE TRIGGER 触发器名

ON 表名［WITH ENCRYPTION］

FOR ［update，insert，delete ］

```
AS
BEGIN
    命令行或程序块
END
```

（2）替代触发器：

```
CREATE TRIGGER  触发器名
ON  表名或视图
INSTEAD OF〔update，insert，delete 〕
AS
BEGIN
    命令行或程序块
END
```

8.4.3　修改触发器

ALTER TRIGGER 触发器

8.4.4　删除触发器

DROP TRIGGER 触发器

8.4.5　查看触发器

sp_helptext trigger_name
sp_helptrigger table_name

8.4.6　触发器案例

［案例 21］更新功能的触发器的创建与执行。

在 PPLP 数据库中 PC 表中添加两个属性，安全库存量（quantity）和是否需要进货（need），并添加相应的数据。编写触发器，当 quantity＜=10 时，将 need 属性置为 Yes，并显示安全库存量的相关信息。

案例分析：具体操作步骤如下：

（1）将 PC 表中添加两个属性，安全库存量（quantity）和是否需要进货（need），并添加数据库相关数据。

（2）新建一个数据库引擎查询文档，在数据库引擎查询文档中输入如下代码，创建触发器。

```
Create trigger tri_PC
on PC
For Update
As Update PC Set need = 'Yes' where quantity<=10
```

（3）将 PC 表中的某条记录的 quantity 属性修改为小于 10 的值，查看 need 值。

```
update PC set quantity =8 where model='1004'
select *
from PC
```

触发器执行结果如图 8-27 所示。

181

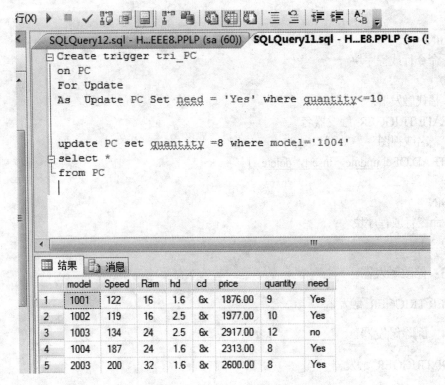

图 8-27　触发器执行结果

8.5　小　　结

本章介绍了 T-SQL 语言的编程基础，流程控制语句，详细讲解了存储过程、触发器和自定义函数的相关概念，以及基本操作，然后讲解它们的具体应用。通过本章的学习，可以灵活掌握这些概念以及基本操作，从而在实际应用开发程序中进行具体应用。

数据库原理与Web应用

第 9 章

Web 编 程 基 础

本章导读

▶▶ 了解 Internet 与 Web 的区别。
▶▶ 掌握 Web 的技术架构。

9.1　Internet 和 Web

　　Internet 俗称因特网，是当今世界上覆盖面最大和应用最广泛的网络。根据英语构词法，Internet 是 "Inter + net"，Inter-作为前缀在英语中表示 "在一起，交互"，由此可知 Internet 的目的是让各个 net 交互。所以，Internet 实质上是将世界上各个国家、各个网络运营商的多个网络相互连接构成的一个全球范围内的统一网，使各个网络之间能够相互到达。各个国家和运营商构建网络采用的底层技术和实现可能各不相同，但只要采用统一的上层协议（TCP/IP）就可以通过 Internet 相互通信。

　　为了使各个网络中的主机能够相互访问，Internet 为每个主机分配一个地址，称为 IP 地址，IPv4 的 IP 地址是 32 位二进制数字，通常人们用 4 个 0～255 的数字表示，例如，127.0.0.1，称为 "点分十进制" 表示法。图 9-1 是 Internet 物理结构的示意图。

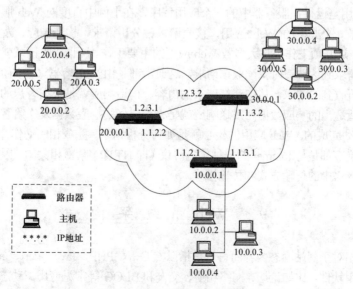

图 9-1　Internet 物理结构的示意图

Internet 将若干个子网通过路由器连接起来，这些子网可以具有不同类型的网络结构，但子网中的每个主机必须拥有全局唯一的 IP 地址。路由器是用于转发子网之间数据的设备，有若干个端口，每个端口拥有一个 IP 地址。一个端口可以连接一个子网。Internet 上的数据可以从一个主机发送到另外一个主机，数据以数据包的形式传送。源主机在发送数据包时会在数据包前面加上目的主机的 IP 地址，路由器通过识别 IP 地址将数据包发送到适当的子网中。当数据在子网中传播时，拥有该 IP 地址的主机就会接收该数据包。很多计算机网络教程都使用邮政寄信的例子形象地说明了这个 Internet 中数据包的传送过程。

Internet 底层的组织和传输原理是很复杂的，感兴趣的读者可以选择相关的计算机网络教程进行深入学习。但作为开发 Web 应用的软件工程师，通常只是从 Internet 的应用层面考虑 Internet 的原理。从应用层面的角度考虑，可以认为 Internet 是连接所有主机的一个庞大的网络体系，每个主机拥有一个 IP 地址，主机之间通过 IP 地址相互传递信息和数据。Web 应用实质上是一种特殊的应用，它可以在 Internet 的主机之间相互交流具有预定义格式的信息和数据。

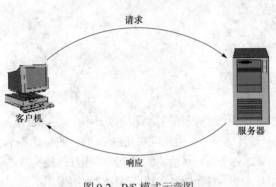

图 9-2　B/S 模式示意图

典型的 Web 应用是 B/S 模式（浏览器/服务器模式），即 Internet 上的两台主机，一台是服务器，另一台是客户机，客户机通过本机的浏览器与服务器进行通信，如图 9-2 所示。

在图 9-2 中，客户机向服务器发出请求，服务器接收并处理请求，然后将对该请求的响应传送给客户机。以访问百度网主页为例，读者在浏览器中键入主页地址"www.baidu.com"，回车后浏览器就会向百度网的服务器发送一个请求并且将自己的 IP 地址连同请求一块发送，该请求要求浏览百度网的主页，百度网的服务器接收到该请求并且取出客户机的 IP 地址，然后将百度网的主页作为数据包发出，并且以客户机的 IP 地址作为目的地址。当数据包传送到客户机后，读者的浏览器就可以显示百度网的主页了。

通常 Web 应用是运行在服务器中的一个应用程序，在上例中百度网 Web 服务器中处理客户机响应的程序就是一个典型的 Web 应用，接收请求、分析请求、构造响应、发送响应都是由该 Web 应用完成的，这几项工作也是大多数 Web 应用的主要工作。所谓接收请求就是监听服务器的特定端口，当有请求到达端口时就读取该请求，这通常都是由 Web 容器（例如 Tomcat）完成的。分析请求就是解析收到的请求，从中获得请求的内容。构造响应就是根据客户的请求，在进行适当的动作后，构造适当的响应数据。发送响应就是将构造好的响应数据发送给客户机，这通常也是由 Web 容器自动完成的。Web 应用的核心就是如何分析请求、完成相应动作并构造响应，其中分析请求和构造响应都是与 Internet 的一种传输协议（即 HTTP）紧密相关的，因为它规定了 Web 应用中的数据在网络中的传输方式和传输格式。

9.2　Web 系 统 架 构

动态应用是相对于网站静态内容而言，是指以 C/C++、PHP、Java、Perl、.net 等服务器端语言开发的网络应用软件，比如论坛、网络相册、交友和 BLOG 等常见应用。动态应用系统通常与数据库系统、缓存系统、分布式存储系统等密不可分。

大型动态应用系统平台主要是针对大流量、高并发网站建立的底层系统架构。大型网站的运行需要一个可靠、安全、可扩展、易维护的应用系统平台作为支撑，以保证网站应用的平稳运行。

大型动态应用系统又可分为几个子系统：

（1）Web 前端系统。如图 9-3 所示。

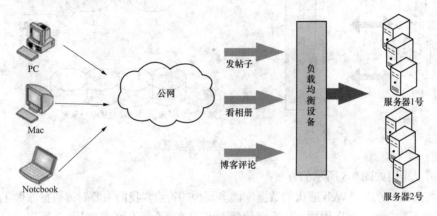

图 9-3　Web 前端系统

为了达到不同应用的服务器共享、避免单点故障、集中管理、统一配置等目的，不以应用划分服务器，而是将所有服务器做统一使用，每台服务器都可以对多个应用提供服务，当某些应用访问量升高时，通过增加服务器节点达到整个服务器集群的性能提高，同时使其他应用也会受益。该 Web 前端系统基于 Apache/Lighttpd/Eginx 等的虚拟主机平台，提供 PHP 程序运行环境。服务器对开发人员是透明的，不需要开发人员介入服务器管理。

（2）负载均衡系统。如图 9-4 所示。

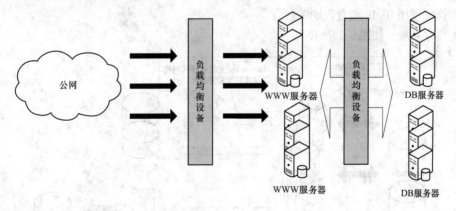

图 9-4　负载均衡系统

负载均衡系统分为硬件和软件两种。硬件负载均衡效率高，但是价格贵，比如 F5 等。软件负载均衡系统价格较低或者免费，效率较硬件负载均衡系统低，不过对于流量一般或稍大些网站来讲也足够使用，比如 lvs、nginx。大多数网站都是硬件、软件负载均衡系统并用。

（3）数据库集群系统。如图 9-5 所示。

由于 Web 前端采用了负载均衡集群结构提高了服务的有效性和扩展性，因此数据库必须也是高可靠的，才能保证整个服务体系的高可靠性，如何构建一个高可靠的、可以提供大规模并发处理的数据库体系？

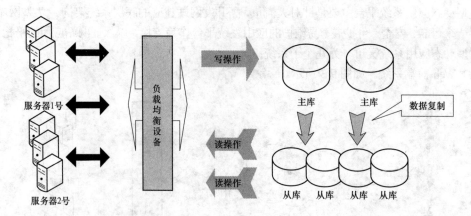

图 9-5　数据库系统

我们可以采用如图 9-5 所示的方案：

使用数据库，考虑到 Web 应用的数据库读多写少的特点，我们主要对读数据库做了优化，提供专用的读/写数据库，在应用程序中实现读/写操作分别访问不同的数据库。

实现快速将主库（写库）的数据库复制到从库（读库）。一个主库对应多个从库，主库数据实时同步到从库。

写数据库有多台，每台都可以提供多个应用共同使用，这样可以解决写库的性能瓶颈问题和单点故障问题。

读数据库有多台，通过负载均衡设备实现负载均衡，从而达到读数据库的高性能、高可靠和高可扩展性。

数据库服务器和应用服务器分离。

从数据库使用 BigIP 做负载均衡。

（4）缓存系统。如图 9-7 所示。

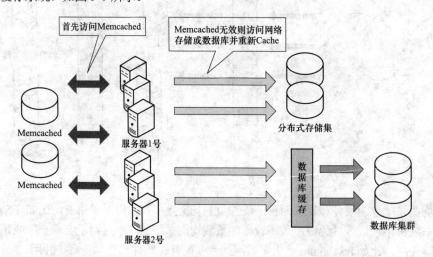

图 9-6　缓存系统

缓存分为文件缓存、内存缓存、数据库缓存。在大型 Web 应用中使用最多且效率最高的是内存缓存。最常用的内存缓存工具是 Memcached。

使用正确的缓存系统可以达到实现以下目标：

1）使用缓存系统可以提高访问效率，提高服务器吞吐能力，改善用户体验。

2）减轻对数据库及存储集服务器的访问压力。

3）Memcached 服务器有多台，避免单点故障，提供高可靠性和可扩展性，提高性能。

（5）分布式存储系统。如图 9-7 所示。

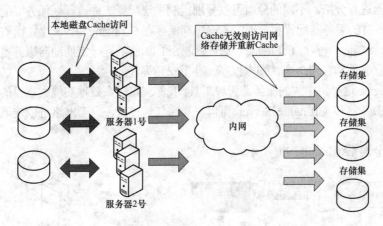

图 9-7　分布式存储系统

Web 系统平台中的存储需求的特点如下：

1）存储量很大，经常会达到单台服务器无法提供的规模，比如相册、视频等应用，因此需要专业的大规模存储系统。

2）负载均衡 cluster 中的每个节点都有可能访问任何一个数据对象，每个节点对数据的处理也能被其他节点共享，因此这些节点要操作的数据从逻辑上看只能是一个整体，不是各自独立的数据资源。

高性能的分布式存储系统对于大型网站应用来说是非常重要的一环。

（6）分布式服务器管理系统。如图 9-8 所示。

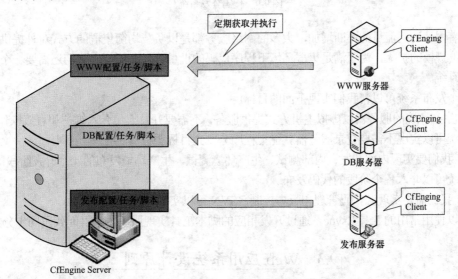

图 9-8　分布式服务器管理系统

随着网站访问流量的不断增加，大多数网络服务都是以负载均衡集群的方式对外提供服务，随之集群规模的扩大，原来基于单机的服务器管理模式已经不能够满足我们的需求，新的需求必须能够集中式的、分组的、批量的、自动化的对服务器进行管理，从而批量化的执行计划任务。

在分布式服务器管理系统软件中有一些比较优秀的软件，其中比较理想的一个是 CfEngine。它可以对服务器进行分组，不同的分组可以分别定制系统配置文件、计划任务等配置。它是基于 C/S 结构的，所有的服务器配置和管理脚本程序都保存在 CfEngine Server 上，而被管理的服务器运行着 CfEngine Client 程序，CfEngine Client 通过 SSL 加密的连接定期地向服务器端发送请求以获取最新的配置文件和管理命令、脚本程序、补丁安装等任务。

有了 CfEngine 这种集中式的服务器管理工具，我们就可以高效地实现大规模的服务器集群管理，被管理的服务器和 CfEngine Server 可以分布在任何位置，只要网络可以连通就能实现快速自动化的管理。

（7）代码分发系统。如图 9-9 所示。

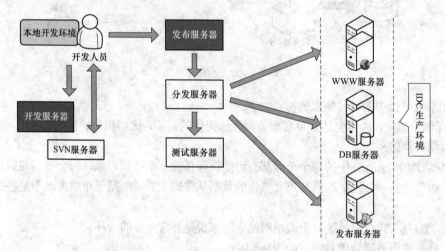

图 9-9　代码分发系统

随着网站访问流量的不断增加，大多的网络服务都是以负载均衡集群的方式对外提供服务，随之集群规模的扩大，为了满足集群环境下程序代码的批量分发和更新，我们还需要一个程序代码发布系统。

这个发布系统可以帮我们实现下面的目标：

1）生产环境的服务器以虚拟主机方式提供服务，不需要开发人员介入维护和直接操作，提供发布系统可以实现不需要登录服务器就能把程序分发到目标服务器。

2）我们要实现内部开发、内部测试、生产环境测试、生产环境发布的 4 个开发阶段的管理，发布系统可以介入各个阶段的代码发布。

3）我们需要实现源代码管理和版本控制，SVN 可以实现该需求。

可以使用常用的工具 Rsync，通过开发相应的脚本工具实现服务器集群间代码同步分发。

9.3　Web 应用系统设计原则

与 C/S 结构相比，B/S 结构受限于网络带宽而不利于进行大数据量的统计分析，网络传输存在潜在的安全问题，还有用户界面没有 C/S 结构友好等，但随着网络带宽和网络应用的发展，加上 Ajax 技术的流行，使得现在越来越多的 MIS 系统或基于 MIS 系统的专业化应用系统都开始倾向于采用 B/S 结构进行设计，充分利用 B/S 结构的优点。但是，要充分发挥 Web 应用的内在潜力，挖掘应用深度和扩大适应能力，需要采用先进的应用架构和以实用为根本准则，使得系统既能满足业务需求，又能适应将来发展需要。因此，在开发 Web 应用系统时需要尽量遵循 Web 应用系统设计原则。

（1）实用性原则：这是所有应用软件最基本的原则，直接衡量系统的成败，每一个提交到用户手中的系统都应该是实用的，能解决用户的实际问题，否则该设计就是垃圾。

（2）适应性和可扩展性原则：系统需要具备一定的适应能力，特别是 Web 应用要能适应于多种运行环境，来应对未来变化的环境和需求。可扩展性主要体现在系统易于扩展，例如可以采用分布式设计、系统结构模块化设计，系统架构可以根据网络环境和用户的访问量而适时调整，从某种程度上说，这也是系统的适应性。

（3）可靠性原则：系统应该是可靠的，在出现异常的时候应该有人性化的异常信息方便用户理解原因，或采取适当的应对方案，在设计业务量比较大的时候可采用先进的嵌入式技术来保证业务的流畅运行。

（4）可维护性和可管理性原则：Web 系统应该有一个完善的管理机制，而可维护性和可管理性是重要的两个指标。

（5）安全性原则：现在的计算机病毒几乎都来自网络，Web 应用应尽量采用五层安全体系，即网络层安全、系统安全、用户安全、用户程序的安全和数据安全。系统必须具备高可靠性，对使用信息进行严格的权限管理，技术上，应采用严格的安全与保密措施，保证系统的可靠性、保密性和数据一致性等。

（6）总体规划、分层实施原则：在开始设计之前应该对 Web 系统进行总体设计，然后在总体设计指导下分步开发。基于 J2EE 技术的应用系统是一个融合了多元信息的集成系统，现在一般都采用分层开发：表现层、控制层、业务逻辑层、模型层、数据访问层等，在适应系统需求的准则下，设计低耦合的分层结构，利于团队成员的分工协作，提高开发效率，降低项目风险，实现各个模块的功能设计，完成整个系统的开发。

9.4　Web 服务器的安装与配置

目前几个主流的 Web 服务器，比如 Apache、IIS、Nginx 等可在 Windows 或者 Linux 上搭建，这里以 Java 的 Tomcat 为例。

想把 Tomcat 作为服务器的步骤如下：

（1）下载、安装 JDK，并且配置好环境变量。

1）下载地址：http://www.oracle.com/technetwork/java/javase/downloads/jdk8-downloads-2133151.html。

2）先接受协议，再根据自己的计算机下载相应的 JDK 版本。如图 9-10 所示。

3）默认安装就行了。

4）配置环境变量。找到安装路径，默认安装的路径是 C：\Program Files\Java\jdk1.8.0_77。

5）进入环境变量的。右键单击计算机图标，选择"属性"，再单击"高级系统设置""环境变量"，如图 9-11 所示。直接在下面的系统变量中单击"新建"，新建 JAVA_HOME、CLASSPATH 这两个项，最后在 path 中添加上去就可以了。如图 9-12 所示。

新建 JAVA_HOME，变量值直接复制安装路径过来就可以了，笔者的路径是 C：\Program Files\Java\jdk1.8.0_77，再按"确定"按钮。如图 9-13 所示。

图 9-10 下载 JDK

图 9-11 "高级系统设置"对话框

图 9-12 "新建"对话框

图 9-13 "JAVA_HOME"对话框

新建 CLASSPATH，变量值为.；%JAVA_HOME%\lib；%JAVA_HOME%\lib\tools.jar，注意前面有个点。如图 9-14 所示。

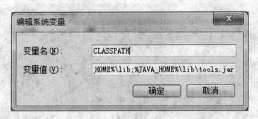

图 9-14　"CLASSPATH" 对话框

将这两个变量加到 Path 里面，直接在后面添加：%JAVA_HOME%\bin；%JAVA_HOME%\jre\bin，注意前面要有个分号 ";"，如图 9-15～图 9-17 所示。

图 9-15　"Path" 对话框

图 9-16　"环境变量" 对话框

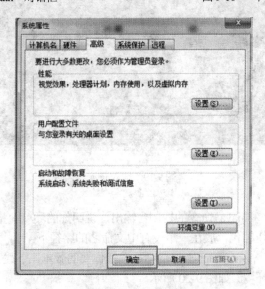

图 9-17　"确定" 按钮

6）这两个变量配置好了，到时直接可以在控制台编译运行 Java 文件，运行 cmd 查看 Java 环境是否配好。

输入 javac，按回车键，出现下面这些说明编译环境配好了。如图 9-18 所示。

图 9-18　输入 javac

再输入 java，按回车键，出现下面这些，说明运行环境也好了。如图 9-19 所示。

图 9-19　输入 java

通过上面输入 javac 和 java 命令的控制台输出，说明你的环境变量已经配置成功了。

（2）下载 Tomcat 的压缩包，放在一个没有中文命名的路径下。

1）下载地址为 http://tomcat.apache.org/，再选择你要的版本，下载完直接解压就能用了，因为我们已经配置 JDK 的环境。如图 9-20 所示。

2）win 版本的直接打开压缩包下面，bin 目录里面的 startup.bat 文件，双击运行。就会出现这样的界面，说明你的 Tomcat 已经成功运行了。如图 9-21 所示。

提示：如果是一闪而过，一般情况下是环境变量没配好才出现这样的状况。

3）Tomcat 下面的文件夹。如图 9-22 所示。

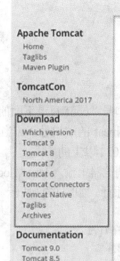

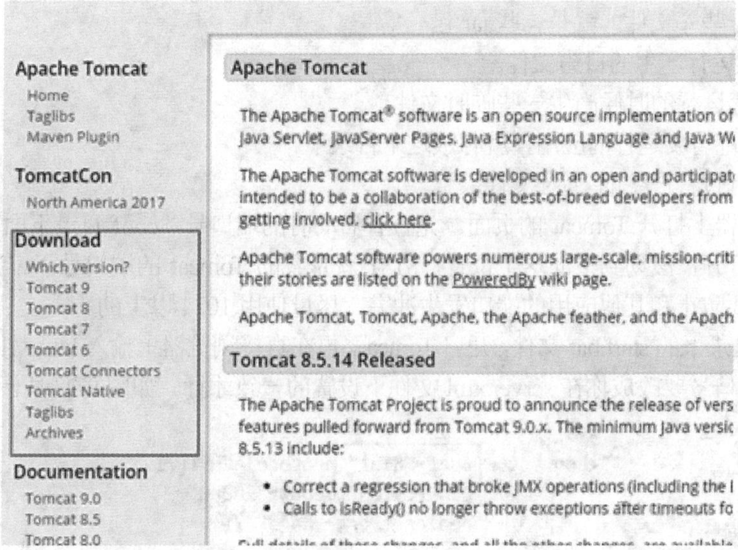

图 9-20　下载 Tomcat

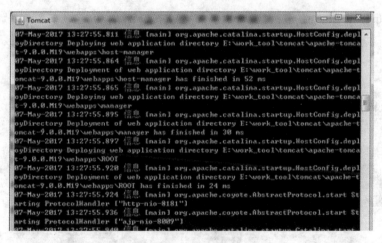

图 9-21　运行 Tomcat

名称	修改日期	类型	大小
bin	2017/4/17 21:34	文件夹	
conf	2017/4/17 21:36	文件夹	
lib	2017/4/17 21:34	文件夹	
logs	2017/5/7 11:49	文件夹	
temp	2017/4/17 21:34	文件夹	
webapps	2017/4/17 21:34	文件夹	
work	2017/4/17 21:36	文件夹	
LICENSE	2017/3/27 13:10	文件	57 KB
NOTICE	2017/3/27 13:10	文件	2 KB
RELEASE-NOTES	2017/3/27 13:10	文件	7 KB
RUNNING.txt	2017/3/27 13:10	文本文档	17 KB

这个是apache-tomcat-9.0.0.M19版本的

图 9-22　Tomcat 文件夹

　　bin：主要是开启、改变 Tomcat 的命令。
　　conf：存放一些配置文件。

lib：存放一些库文件，就是一些 jar 包。

logs：存放运行产生的日志文件。

temp：保存运行的时候产生一些临时文件。

webapps：部署要运行的应用，就存放这个目录下。

work：运行过程产生的 class 文件。

4）在浏览器上打开 Tomcat 的页面。先查看启动时的端口号，conf 目录下面的 server.xml 文件，用记事本打开，滚动到下面这个位置，8181 就是我的 Tomcat 的端口号了。当然这些是可以修改的，不过要防止和其他应用的端口发生冲突，尽量使用 1024 以上的。

双击 bin 目录下的 start.bat 文件，开启 Tomcat，再在直接浏览器上输入 http://localhost：8181/，这里 8181 的端口号要改成你在 server.xml 文件下设置的一致才行。如图 9-23 所示。

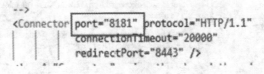

图 9-23　修改端口号

运行的 http://localhost：8181/看到的运行界面如图 9-24 所示。

图 9-24　Tomcat 运行界面

5）要想登录管理界面，就要设置用户名和密码，如图 9-25 所示。

图 9-25　登录 Tomcat 管理界面

在 conf 目录下的 tomcat-users.xml 文件里面，用记事本打开这个文件。找到下面这个位置，加上几行代码，如图 9-26 所示。

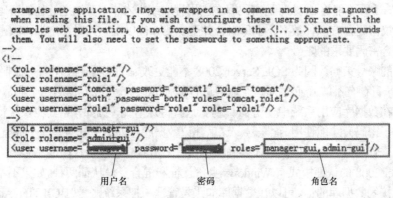

图 9-26　修改 tomcat-users.xml

6）保存，重新打开 Tomcat，刷新 localhost 界面，再输入你自己设定好的用户名和密码就可以了。如图 9-27 所示。

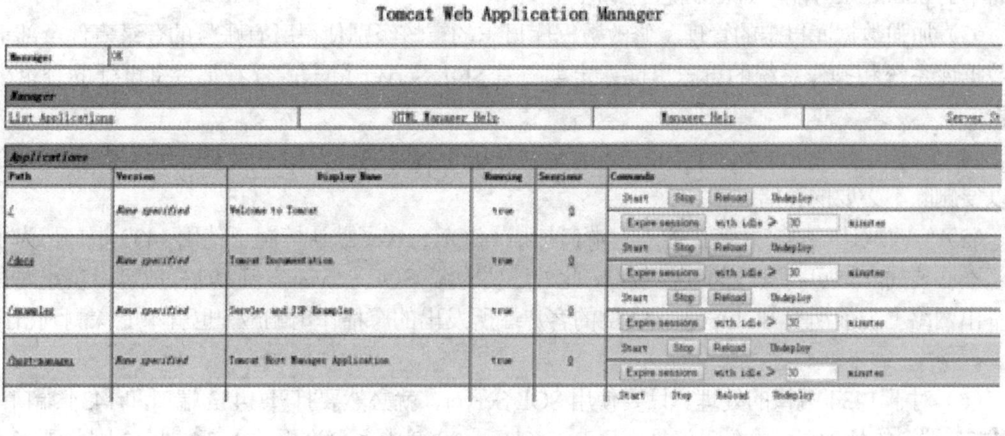

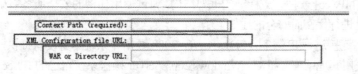

图 9-27　重新运行 Tomcat

7）剩下就是 Web 文件的部署。

部署有两种方法：①控制台部署（见图 9-28）；②自己手动修改 server.xml 文件部署。

图 9-28　控制台部署

9.5　数据库的安全配置

在对数据库的安全进行设置事前，应首先对操作系统进行安全配置，确保操作系统处于安全状态。然后对使用和操作数据库的软件（程序）进行必要的安全审核。这些问题在上面已经做过讨论。下面主要说数据库自身的安全问题（以 SQL Server 2008 为例）。

（1）密码的安全策略。密码几乎是所有安全配置中的重中之重。需要注意的是，很多数据库账号的密码都过于简单，这样的后果几乎跟前面所述的系统密码过于简单是一样的。对于 sa 账号格外需要注意，千万不能将 sa 账号的密码写在应用程序或脚本中。要知道健壮的密码是安全的第一步，因此建议密码含有多种数字、字母组合并至少要 8 位以上。同时要定期修改密码，定期查看是否有不符合密码要求的账号。

（2）安全的账号策略。因为 SQL Server 2008 不能更改 sa 用户名称，也不能删除这个超级用户（笔者对此一直存有不解），必须对这个账号进行最强的保护。当然，使用一个非常强壮的密码，并且千万不要在数据库应用系统中使用 sa 账号，只有特殊情况（例如，当其他系统管理员账号不可用或者忘记了密码）才能使用 sa 账号。这里建议数据库管理员最好新建一个拥有与 sa 相同权限的超级用户来管理数据库，但同时还要确保不要有太多具有管理员权限的账号。

SQL Server 2008 的认证模式有 Windows 身份认证和混合身份认证两种。如果不希望通过操作系统登录的人接触数据库的话，可以在数据库的账号管理中把系统账号"BUILTIN\Administrators"删除，但是如果这样做的话万一忘记了 sa 账号密码的话，就没有任何办法来恢复了。如果用户只是用来使用数据库的查询、修改等简单功能的话，可以根据实际需要分配账号，并根据最小特权原则，赋予仅仅能够满足该用户应用要求和需要的权限。例如只需要查询功能的，那么就使用一个简单的 public 账号能够 select 就可以了。

（3）加强数据库日志的管理。修改数据库日志的审核级别使得所有账号的登录事件全部记录在数据库系统和操作系统的日志里面。定期查看 SQL Server 日志，查看是否有可疑的登录事件发生。

（4）管理扩展存储过程。有些系统的存储过程能很容易地被人利用起来提升权限或进行破坏，所以要删除不必要的存储过程。

（5）修改默认端口，并禁止他人对端口扫描。SQL Server 默认情况下使用 1433 端口，为了不引起不必要的麻烦可将其改为其他端口，此外还要隐藏 SQL Server 实例，这样就可以禁止对试图枚举出网络上当前所有 SQL Server 实例的客户端所发出的广播作出响应，也就不能探测到所用端口了。

（6）对于 1434 端口的处理。只要使用 SQL Server，就必然要打开 1433 端口和 1434 端口。对于 1433 端口的处理已经介绍，但是由于 SQL Server 2008 中不允许更改 1434 端口，因此不能用上面方法对其同样处理。这样就给黑客以机会。例如："2003 蠕虫王"就是利用 SQL Server 2008 的解析端口 1434 的缓冲区溢出漏洞，对网络进行攻击的。对此没有什么更好的处理办法，除了通过隐藏 SQL Server 实例尽可能地隐藏 SQL Server 服务器外，就只能寄希望于防火墙的设置和 Windows 系统的 IPSec［一种开放标准的框架结构，通过使用加密的安全服务以确保在 Internet 协议（IP）网络上进行保密而安全的通信］了。

（7）对网络连接进行 IP 限制。SQL Server 2008 数据库系统本身没有提供网络连接的安全解决办法，因此使用其他的安全机制。Windows 2003 Server 操作系统自己的 IPSec 可以进行 IP 连接限制，从而提高 IP 数据包的安全性。通过 IPSec 的设置保证只有自己的 IP 能够访问，拒绝其他 IP 进行的端口连接，这样可以对来自网络上的安全威胁进行有效的控制。

（8）数据库文件及日志文件的路径。SQL Server 2008 创建数据库时默认是在 SQL Server 的安装文件夹下，大多数都在系统盘下。这样如果一旦操作系统出了问题需要格式化时，再要把数据备份出来就不容易了，而且这样对数据的安全影响也比较大。因此建议在建立数据库时数据库文件及日志文件的路径要选择在非系统盘的其他盘符下，同时也尽量不要与 SQL Server 系统放在同一盘符下。这样无论你重新安装操作系统，还是 SQL Server 数据库系统，都不会影响原有的数据库文件及日志文件，只要重新指定一下文件路径就可以继续使用。

（9）数据备份。数据备份是必不可少的。根据实际情况采用了服务器端每天的自动备份；异地超级管理管理员机器每周的手动备份；磁盘备份（磁盘放置在与服务器和管理员机器都不同的地方）的三地备份原则。此外还要定期刻录一些光盘备份，申请网络存储，进行网络备份，提高了备份的可靠性和容灾性。

经过以上的配置，可以让 SQL Server 本身具备足够的安全防范能力。

9.6　HTML　概　述

HTML 是超文本标记语言，使用一组标签对内容进行描述的一门语言，它不是编程语言（不需要编译）。

超级文本标记语言文档制作不是很复杂，但功能强大，支持不同数据格式的文件镶入，这也是万维网（WWW）盛行的原因之一，其主要特点如下：

（1）简易性：超级文本标记语言版本升级采用超集方式，从而更加灵活方便。

（2）可扩展性：超级文本标记语言的广泛应用带来了加强功能，增加标识符等要求，超级文本标记语言采取子类元素的方式，为系统扩展带来保证。

（3）平台无关性：超级文本标记语言可以使用在广泛的平台上，这也是万维网（WWW）流行的另一个原因。

（4）通用性：HTML 是网络的通用语言，它是一种简单、通用的全置标记语言，允许网页制作人建立文本与图片相结合的复杂页面，这些页面可以被网上任何其他人浏览到，无论使用的是什么类型的电脑或浏览器。

标签基本都是由开始标签和结束标签组成（特殊
）。

标题标签：<hn></hn>n 是从 1～6 逐渐变小的，超过 6 的按 6 显示，其特点是加粗加黑显示，单独占一行，与其他行有行间距。

注释标签：<!--标题标签--> 可以使用快捷键 Ctrl+/。

换行标签：
。

水平线标签：<hr />。

段落标签：<p></p>。

字体标签：<font></font>：里面有颜色属性和字体大小属性（从 1～7 逐渐变大，超过按 7 来表示），也可以设置字体 color（颜色）、size（大小）、face（字体）。

```
<font color="green" size="1" face="楷体"> 哈哈</font>
<b></b> 加黑
<i></i> 加斜
```

图片标签：<img />。

```
<img src="./img/wallhaven-211628.png" width="150" height="150px" alt="logo 图片
无法显示"/>
```

如果图片在同一级直接写名称，或者 ./name，如果是上一级的话，../name。

如果是下一级，目录名称/文件名称。

可以设置 width height alt（图片加载错误时提示的消息）。

有序的列表：<ol></ol>。

属性：type，5 类 start， reverse：排序。

```
<ol start="4">
 <li>sad</li>
<li>sadasd</li>
</ol>
//通过 start 来设置从哪开始向下增加。
```

无序列表：<ul></ul>。

属性：type，3 个取值。

```
<ul>
<li>Coffee</li>
<li>Milk</li>
</ul>
```

超链接标签：<a href="" target=""></a>

href 属性设置单击后跳转到哪个网页中，target 属性设置单击这个超链接后是保留原来网页，还是覆盖原有的网页。_blank 是保留原有网页，_self 是覆盖原有网页，还可以自己命名。

表格标签：<table></table>

border 属性设置边框，align 设置位置，bgcolor 设置颜色，cellspacing 设置单元格间的间距，cellpadding 设置单元框内容的属性。

注意，一写出 table 就立刻写出<tr>，再写出<td>。

```
<table>
<tr>
<td></td>
</tr>
</table>
```

<table>的属性：

边框：border。

宽度：width。

高度：height。

背景色：bgcolor。

边框与边框：cellspacing。

边框与内容：cellpadding。

居中显示 ：align。

表格中的<td>关于合并列 <td colspan="2"> 11 </td>，它会自动将第一列与第二列合并，而且<td>也具有 table 中的属性，也可以合并行操作<td rowspan="2"> 11 </td> <td>中的属性，colspan是横着合并，rowspan 是竖着合并，可以使用 colspan 后再使用 rowspan，结合使用可以形成多行多列的合并。

例如：

```
<!DOCTYPE html>
<html lang="en">
    <head>
    <meta charset="UTF-8">
    <title>表格跨行跨列操作</title>
</head>
```

```
    <body>
        <table border="1px" width="500px" height="200px" align="center" cellspacing="0px"
cellpadding="0px">
            <tr>
                <td colspan="2" align="center"> 11 </td>
                <td> 13 </td>
                <td> 14 </td>
            </tr>
            <tr>
                <td>21</td>
                <td colspan="2" rowspan="2">22</td>
                <td>24</td>
            </tr>
            <tr>
                <td>31</td>
                <td rowspan="2">34</td>
            </tr>
            <tr>
                <td>41</td>
                <td>42</td>
                <td>43</td>
            </tr>
        </table>
    </body>
</html>
```

单元格中可以嵌套文字、图片、超链接。

添加空格使用 。

```
<a href="#"> <font color="white" size="5">首页
</font></a>     
```

这样可以在后边添加四个空格，而且此处还需要注意，我们在这里将超链接放到了字体设置外面，而没有放在字体设置里面，这是因为使用超链接会使字体变为蓝色，如果将超链接放在里面，我们所设置的字体颜色将失效（它会变成蓝色），所以要放在里面。

框架结构标签：<frameset>

此标签的作用是将页面进行区域的划分。

cols，进行垂直切割划分，切割为任意块（参数相加为 100%）。

rows：进行垂直切割划分，切割为任意块（参数相加为 100%）。

后台系统，使用时就将<body></body>删去。

```
<frameset cols="25%, *">
    <frame src="left.html"/>
    <frame src="right.html"/>
</frameset>
```

划分区域后，用<frame></frame>来进行内容的填充。

src：指定该区域显示的文件。

name：通常结合超链接 target 属性来使用。

表单标签：<form></form>

action 表单的提交位置，methed 表单的提交方式（get/post）。

输入标签：<input />

type：可以设置输入方式，文本框或者密码框。

name：给这个键命名，可用于将多个框组合起来。

maxlenth：文本框中输入的最大限制。

placeholder：框的输入时的背景提示。

readonly：只读。

required：规定文本区域必须填。

```
用户名:<input type="text" name="username" size="40px" maxlength="5" placeholder=
"请输入用户名"/><br />
```

要想将选择的属性提交到后台，就必须给每个<input>设置 value 值，在网页反应时会向后台反馈所选择的值。

选择框如下：

籍贯：

```
<select name="province">
    <option>请选择</option>
    <option>北京</option>
    <option>上海</option>
    <option>广州</option>
</select><br />
```

在这里设置默认初始选择使用的属性为 selected="selected"。

单选框并且默认选择一个值：

属性，checked="checked";

性别：

```
<input type="radio" name="sex" value="男" checked="checked"/>男
<input type="radio" name="sex" value="女" />女<br />
```

以下是一个注册表单的代码：

```
<!DOCTYPE html>
<html lang="en">
<head>
    <meta charset="UTF-8">
    <title>Title</title>
</head>
<body>
    <form action="#" METHOD="get">
    隐藏字段:<input type="hidden" name="id"/><br />
    用户名:<input type="text" name="username" size="40px"
    maxlength="5" placeholder="请输入用户名"/><br />
    密 码:<input type="password" name="password"
    required="required"/><br />
    确认密码:<input type="password" name="repassword"/><br />
    性 别:<input type="radio" name="sex" value="男"
    checked="checked"/>男
    <input type="radio" name="sex" value="女" />女<br />
    爱 好:<input type="checkbox" name="hobby" value="钓鱼"/>钓鱼
    <input type="checkbox" name="hobby" value="打电动"/>打电动
```

```
        <input type="checkbox" name="hobby" value="写代码"/>写代码<br />
    头 像:<input type="file" name="file"/><br />
    籍 贯:<select name="province">
        <option>请选择</option>
        <option value="北京" selected="selected">北京</option>
        <option value="上海">上海</option>
        <option value="广州">广州</option>
    </select><br />
    提交按钮<input type="submit" value="注册"/>
    重置按钮<input type="reset">
    </form>
</body>
</html>
```

以上是 HTML 的简明介绍, 想要进一步深入学习了解 HTML 相关知识, 需要参阅 HTML 详细教程。

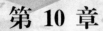

第 10 章

JSP 技 术

本章导读

‣ 掌握 JSP 基本语法。
‣ 掌握 JSP 内置对象。

10.1 JSP 运行环境和开发工具

JSP 的开发工具有很多种，例如：Eclipse、Myeclipse、Intellij IDEA 等。Myeclipse 集成了大量的插件，对系统配置要求更高，适合企业级开发使用；Eclipse 体积小，免安装，可扩展性比 Myeclipse 强，对系统配置要求不高，适合初学者使用。本书以 Eclipse 为例。

10.1.1 Eclipse 安装

从网上下载 Eclipse。如图 10-1 所示。

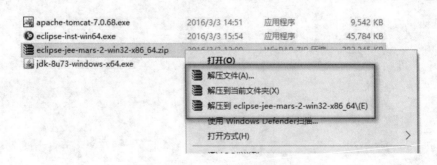

图 10-1 下载 Eclipse 安装包

下载 Eclipse 绿色版后，直接解压就行了（当然如果下载的安装包的话，安装也应该是非常简单的），解压后双击其中的 Eclipse.exe，选择 workspace 的位置，然后就可以打开了。如图 10-2 所示。

打开 Eclipse 并设置 workspace，选择一个方便找到的位置就行（可以尝试中文路径，不要勾选那个"Use this..."，有问题下次打开再换），第一次打开时间长一点。如图 10-3 和图 10-4 所示。

图 10-2　选择 workspace 的位置

图 10-3　Eclipse 运行画面

图 10-4　Eclipse 欢迎界面

10.1.2 Eclipse 与 Tomcat 的绑定

在 Eclipse 中选择"Window"→"Preferences",打开 Preferences 窗口,如图 10-5 和图 10-6 所示。

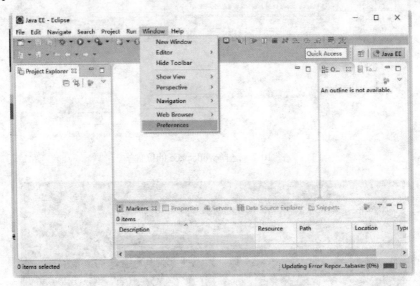

图 10-5 Preferences 窗口

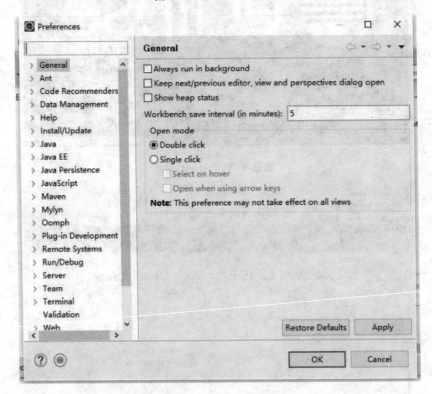

图 10-6 "Preferences"对话框

选择"server"→"Runtime Enviroments"→"Add",选择相应版本的 tomcat,单击"next",单击"browse"选择 tomcat 的安装路径,最后单击 finish,如图 10-7 和图 10-8 所示。

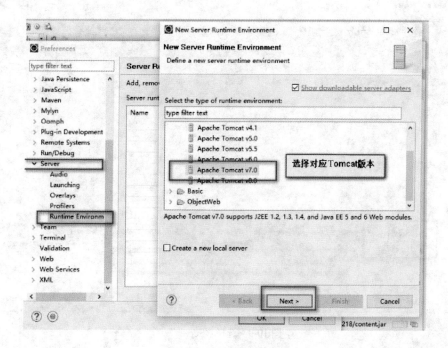

图 10-7　选择对应 Tomcat 版本

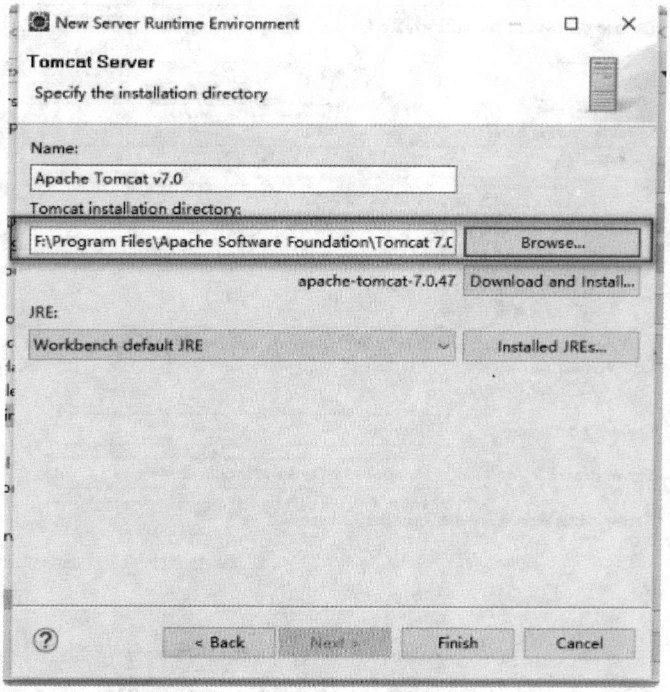

图 10-8　选择 "Browse…"

选择 Servers 窗口，单击蓝色字，弹出对话框，没有需要改的，直接单击 Finish，Tomcat 就与 Eclipse 绑定成功，如图 10-9 和图 10-10 所示。

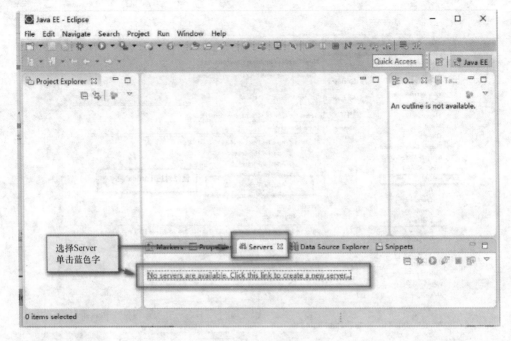

图 10-9　选择"Server"

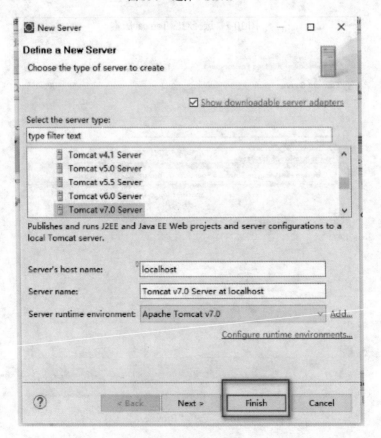

图 10-10　单击"Finish"

绑定完成后如图 10-11 所示。至此 JSP 开发环境的搭建就已经全部完成了。

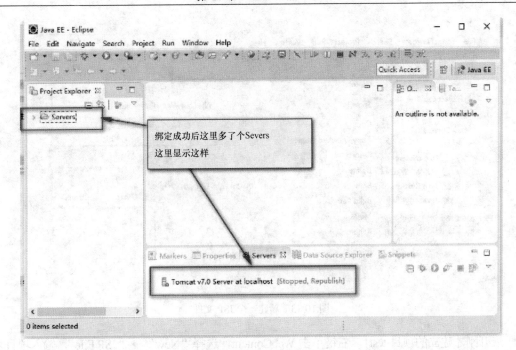

图 10-11　绑定成功

10.1.3　第一个 JSP 开发测试

下面测试 JSP 开发。如图 10-12 所示。

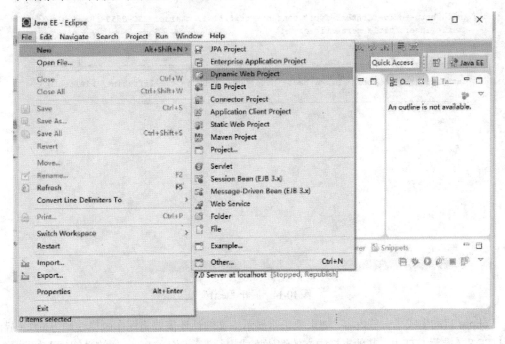

图 10-12　选择 "File"

选择 "File" → "New" → "Dynamic Web Project"，输入项目名称，其他默认，单击 Finish，这样就创建好了一个动态网页项目，然后新建一个 JSP 文件。如图 10-13 所示。

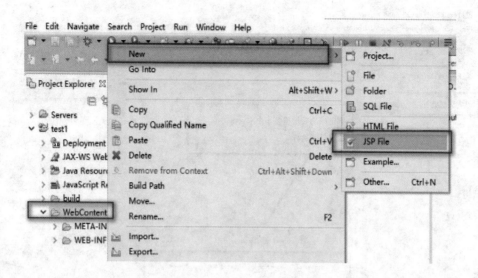

图 10-13　新建一个 JSP 文件

展开刚才建立的项目 test1，右键单击 WebContent，选择 "New" → "JSP File"，输入项目名字，单击 Finish。如图 10-14 所示。

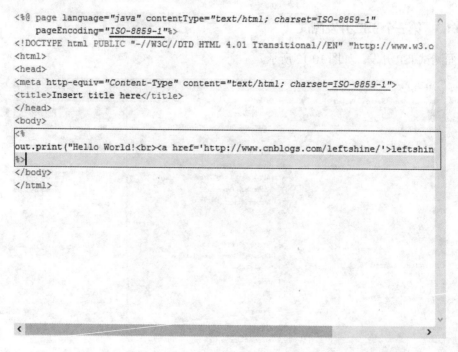

图 10-14　展开 "test1"

Eclipse 自动生成了一些内容，如果要正常显示中文的话还需要将图中画横线地方的编码都改为 UTF-8（推荐 UTF-8，其他支持中文的编码格式也行），我们在 body 便签之间插入如图 10-15 所示代码。

单击运行，弹出选项对话框，选择默认，然后单击 Finish。这时可能会报错，因为我们之前开启了 Tomcat 服务器，冲突了，停止 Tomcat 服务器，再次单击运行即可。如图 10-16 所示。

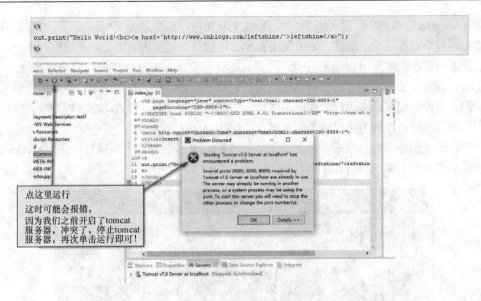

图 10-15　插入代码

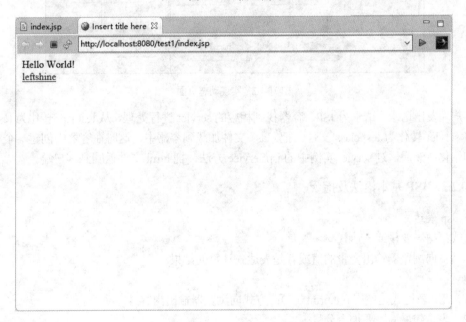

图 10-16　运行 Tomcat 成功

停止 Tomcat 之后再次运行即可运行成功！

到这里我们成功搭建了 JDK+Tomcat+Eclipse 的 JSP 开发环境，并且成功运行了一个 JSP 项目。

10.2　JSP 基本语法

10.2.1　JSP 原理

JSP 全名为 Java Server Pages，即 Java 服务器页面，这是一种动态页面技术，逻辑从 servlet 中分离出来。在传统的网页 HTML（标准通用标记语言的子集）文件（*.htm，*.html）中插入 Java

程序段（Scriptlet）和 JSP 标记（tag），从而形成 JSP 文件，后缀名为（*.jsp）。

动态网页中多数还是不动的，如果使用 servlet 输出只有局部内容需要动态改变的内容，那么所有的静态内容也就需要用 Java 程序代码生成。这样，整个 servlet 程序的代码非常臃肿。

HTML 是超文本标记语言，使用微软自带的记事本或写字板都可以编写，主要用于编写静态页面。静态页面是在客户端运行的程序、网页、插件与组件，可以播放动态的视频或者图片的，静态网页的意思可以理解为拷贝到哪儿都可以运行。

JSP 是 Java 服务器网页技术，必须通过发布到 Tomcat 等服务器上再运行转化为 servlet 才行，当然它是动态页面。如图 10-17 所示。

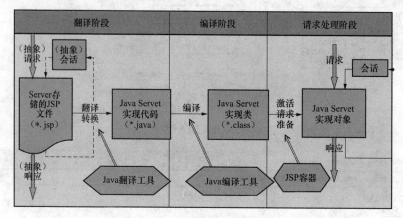

图 10-17　实现动态页面

客户端发出请求，请求为 JSP、容器找到相应的 servlet 进行处理，从 test.jsp 转化为 test.java；再次将 servlet 转化为 test.class 文件；把 class 文件加载到容器中，这时在容器中创建一个实例，进行初始化；然后通过 servlet 实例中的 jspService 方法，把 html 文件返回到客户端。

10.2.2　JSP 基本语法及指令

1. Jsp 表达式

格式：<%=变量或表达式 %>

作用：向浏览器输出变量的值或者是表达式计算的结果。

注意：

（1）JSP 表达式是使用 out.print（　）；方式向浏览器输出内容。

（2）表达式最后不要加上分号。

2. JSP 脚本片段（局部变量）

格式：<%　java 代码（语句）　%>

作用：执行 java 代码。

注意：

（1）JSP 的脚本内容原封不动直接翻译到_jspService 方法中，在执行_jspService 方法时脚本代码会被执行。

（2）JSP 脚本可以写多行 Java 语句，而且中间可以穿插 html 代码；不能在脚本中插入函数（方法）语句，因为函数不能嵌套函数。

3. JSP 声明（成员变量、成员方法）

格式：<%! 变量或方法 %>（有个感叹号）

作用：用于声明 JSP 的变量或方法。

注意：

（1）脚本片段都是局部变量或语句，而 JSP 声明的变量是成员变量。

（2）JSP 声明的方法是成员方法，脚本片段不能声明方法。

（3）不能声明和 Java 源码相同名称的方法，例如 _jspInit（） 不能声明此方法。

例如如下所示的代码片段：

```
1  <%!
2  static
3  {
4  System.out.println("loading Servlet!");
5  }
6  private int globalVar = 0;
7  public void jspInit()
8  {
9  System.out.println("initializing jsp!");
10 }
11 %>
12 <%!
13 public void jspDestroy()
14 {
15 System.out.println("destroying jsp!");
16 }
17 %>
```

4. JSP 注释

格式：<%-- jsp 注释 --%>

注意：在 JSP 页面中 html 的注释<!-- -->会被当前内容执行。而 JSP 的注释<%-- jsp 注释--%>不会被翻译和执行。

5. JSP 指令

JSP 指令的基本语法格式：

```
<%@ 指令 属性名="值" %>
```

例如：<%@ page contentType="text/html；charset=UTF-8"%>

如果一个指令有多个属性，这多个属性可以写在一个指令中（用空格隔开），也可以分开写。

例如：

```
<%@ page contentType="text/html;charset=UTF-8"%>
<%@ page import="java.util.Date"%>
```

也可以写作：

```
<%@ page contentType="text/html;charset=UTF-8" import="java.util.Date"%>
```

（1）@taglib 指令。主要用于在使用 JSP 的标签库时，导入标签库的指令。

（2）@include 指令。include 指令用于引入其他 JSP 页面，如果使用 include 指令引入了其他 JSP 页面，那么 JSP 引擎将把这两个 JSP 翻译成一个 servlet。所以 include 指令引入通常也称之为静态引入。

格式：<%@include　file="包含的页面路径" %>

作用：用于包含其他页面。

其中的 file 属性用于指定被引入文件的相对路径。file 属性的设置值必须使用相对路径，如果以 "/" 开头，表示相对于当前 Web 应用程序的根目录（注意不是站点根目录），否则，表示相对于当前文件。

```
<%--在当前页面包含 common/header.jsp 页面
--%>
<%@include file="common/header.jsp"%>
```

注意：1）包含与被包含的页面只生成一个 Java 源代码。把包含与被包含的页面先合并翻译成一个 Java 源文件，然后再编译运行，这种包含叫静态包含（源码级别包含）。

2）被包含的页面不需要写全局的 html 标签（例如：html/head/body）。

注意：

被引入的文件必须遵循 JSP 语法。

被引入的文件可以使用任意的扩展名，即使其扩展名是 html，JSP 引擎也会按照处理 JSP 页面的方式处理它里面的内容，为了见明知意，JSP 规范建议使用.jspf（JSP fragments）作为静态引入文件的扩展名。

由于使用 include 指令将会涉及 2 个 JSP 页面，并会把 2 个 JSP 翻译成一个 servlet，所以这 2 个 JSP 页面的指令不能冲突（除了 pageEncoding 和导包除外）。

（3）@page 指令。page 指令用于定义 JSP 页面的各种属性，无论 page 指令出现在 JSP 页面中的什么地方，它作用的都是整个 JSP 页面，为了保持程序的可读性和遵循良好的编程习惯，page 指令最好是放在整个 JSP 页面的起始位置。

格式：<%@page %>

```
<%@ page
language="java"                             //服务器使用什么语言来翻译这个 JSP 文件
import="java.util.*"                        //导入其他包或类。除了 java.lang.*以外的包或类都需要
                                            //导入。多个包之间以逗号分隔
pageEncoding="utf-8"                        //服务器在翻译 jsp 文件时查询的码表
contentType="text/html; charset=utf-8"      //指定 JSP 页面内容向浏览器发送时的数
                                            //据编码
```

注意：

在保存 JSP 文件、翻译 JSP 文件、服务器向浏览器输出内容时，会影响 JSP 编码。

JSP2.0 之后，contentType 的编码会根据 pageEncoding 的编码进行自动设置；在 Ecplise 工具中，只要指定 pageEncoding 的编码，那么保存 JSP 文件时会自动根据此编码来保存。

因此在 JSP2.0 之后，JSP 文件只需要在 page 指令中指定 pageEncoding 编码即可。例如：

```
buffer="8kb"                //指定当前页面内容的缓冲大小
errorPage=""                //当 JSP 页面发生错误时，指定错误处理的页面
isErrorPage="false"  //这个属性是在错误处理页面指定的。如果该属性为 true，则可以使
//用 exception 内置对象来输出错误信息。如果为 false，则不能使用 exception
session="true"              //开启 session 会话功能
isELIgnored="false" %>
```

10.3 JSP 动 作

与 JSP 指令元素不同的是，JSP 动作元素在请求处理阶段起作用。JSP 动作元素是用 XML 语法写成的。

利用 JSP 动作可以动态地插入文件、重用 JavaBean 组件、把用户重定向到另外的页面、为 Java 插件生成 HTML 代码。

动作元素只有一种语法，它符合 XML 标准：

```
<jsp:action_name attribute="value" />
```

动作元素基本上都是预定义的函数，JSP 规范定义了一系列的标准动作，它用 JSP 作为前缀，可用的标准动作元素见表 10-1。

表 10-1   标　准　动　作　元　素

语法	描　　述
Jsp：include	在页面被请求的时候引入一个文件
Jsp：useBean	寻找或者实例化一个 JavaBean
Jsp：setProperty	设置 JavaBean 的属性
Jsp：getProperty	输出某个 JavaBean 的属性
Jsp：forward	把请求转到前一个页面
Jsp：plugin	根据浏览器类型为 Java 插件生成 OBJECT 或 EMBED 标记
Jsp：element	定义动态 XML 元素
Jsp：attribute	设置动态定义的 XML 元素属性
Jsp：body	设置动态定义的 XML 元素内容
Jsp：text	在 JSP 页面和文档中使用写入文本的模板

所有的动作要素都有两个属性：ID 属性和 scope 属性。

ID 属性：ID 属性是动作元素的唯一标识，可以在 JSP 页面中引用。动作元素创建的 ID 值可以通过 PageContext 来调用。

scope 属性：该属性用于识别动作元素的生命周期。ID 属性和 scope 属性有直接关系，scope 属性定义了相关联 ID 对象的寿命。scope 属性有四个可能的值：①page；②request；③session；④application。

10.3.1　\<jsp:include>动作元素

\<jsp：include>动作元素用来包含静态和动态的文件。该动作把指定文件插入正在生成的页面。语法格式如下：

```
<jsp:include page="相对 URL 地址" flush="true" />
```

前面已经介绍过 include 指令，它是在 JSP 文件被转换成 Servlet 的时候引入文件，而这里的 jsp：include 动作不同，插入文件的时间是在页面被请求的时候。

include 动作相关的属性列表见表 10-2。

表 10-2   include 动作相关的属性列表

属性	描　　述
Page	包含在页面中的相对 URL 地址
Flush	布尔属性，定义在包含资源前是否刷新缓存区

以下我们定义了两个文件 date.jsp 和 main.jsp。

date.jsp 文件代码：

```
<%@ page language="java" contentType="text/html; charset=UTF-8"
   pageEncoding="UTF-8"%>
<p>
```

```
    今天的日期是: <%= (new java.util.Date()).toLocaleString()%>
</p>
main.jsp 文件代码:
<%@ page language="java" contentType="text/html; charset=UTF-8"
    pageEncoding="UTF-8"%>
<!DOCTYPE html>
<html>
<head>
<meta charset="utf-8">
<title>JSP 动作</title>
</head>
<body>
<h2>include 动作实例</h2>
<jsp:include page="date.jsp" flush="true" />
</body>
</html>
```

现在将以上两个文件放在服务器的根目录下，访问 main.jsp 文件。显示结果如下：

```
include 动作实例
今天的日期是: 2018-6-25 14:08:17
```

10.3.2 <jsp:useBean>动作元素

jsp:useBean 动作用来加载一个将在 JSP 页面中使用的 JavaBean。这个功能非常有用，因为它使得我们可以发挥 Java 组件复用的优势。

jsp:useBean 动作最简单的语法为：

```
<jsp:useBean id="name" class="package.class" />
```

在类载入后，我们即可以通过 jsp: setProperty 和 jsp: getProperty 动作来修改和检索 bean 的属性。

useBean 动作相关联的属性列表见表 10-3。

表 10-3 　　　　　　　　　　　　　useBean 动作相关联的属性

属性	描　　述
class	指定 Bean 的完整包名
type	指定将引用该对象变量的类型
beanName	通过 java.beans.Beans 的 instantiate（）方法指定 Bean 的名字

10.3.3 <jsp:setProperty>动作元素

jsp:setProperty 用来设置已经实例化的 Bean 对象的属性，有两种用法。首先，你可以在 jsp: useBean 元素的外面（后面）使用 jsp: setProperty，如下所示：

```
<jsp:useBean id="myName" ... />
...
<jsp:setProperty name="myName" property="someProperty" .../>
```

此时，不管 jsp: useBean 是找到了一个现有的 Bean，还是新创建了一个 Bean 实例，jsp: setProperty 都会执行。第二种用法是把 jsp: setProperty 放入 jsp: useBean 元素的内部，如下所示：

```
<jsp:useBean id="myName" ... >
...
```

```
    <jsp:setProperty name="myName" property="someProperty" .../>
</jsp:useBean>
```

此时，jsp:setProperty 只有在新建 Bean 实例时才会执行，如果是使用现有实例则不执行 jsp:
setProperty。

jsp:setProperty 动作有下面四个属性，见表 10-4。

表 10-4   **jsp：setProperty 动作属性**

属性	描 述
name	name 属性是必需的。它表示要设置属性的是哪个 Bean
property	property 属性是必需的。它表示要设置哪个属性。有一个特殊用法：如果 property 的值是 "*"，表示所有名字和 Bean 属性名字匹配的请求参数都将被传递给相应的属性 set 方法
value	value 属性是可选的。该属性用来指定 Bean 属性的值。字符串数据会在目标类中通过标准的 valueOf 方法自动转换成数字、boolean、Boolean、byte、Byte、char、Character。例如，boolean 和 Boolean 类型的属性值（比如"true"）通过 Boolean.valueOf 转换，int 和 Integer 类型的属性值（比如"42"）通过 Integer.valueOf 转换。value 和 param 不能同时使用，但可以使用其中任意一个
param	param 是可选的。它指定用哪个请求参数作为 Bean 属性的值。如果当前请求没有参数，则什么事情也不做，系统不会把 null 传递给 Bean 属性的 set 方法。因此，你可以让 Bean 自己提供默认属性值，只有当请求参数明确指定了新值时才修改默认属性值

10.3.4   <jsp:getProperty>动作元素

jsp:getProperty 动作提取指定 Bean 属性的值，转换成字符串，然后输出。语法格式如下：

```
<jsp:useBean id="myName" ... />
...
<jsp:getProperty name="myName" property="someProperty" .../>
```

getProperty 相关联的属性见表 10-5。

表 10-5   **getProperty 相关联的属性**

属性	描 述
name	要检索的 Bean 属性名称。Bean 必须已定义
property	表示要提取 Bean 属性的值

以下是使用 Bean 的一个示例：

```java
package com.temp.main;

public class TestBean {
    private String message = "JSP 教程";
    public String getMessage() {
        return(message);
    }
    public void setMessage(String message) {
        this.message = message;
    }
}
```

编译文件 TestBean.java：

```
$ javac TestBean.java
```

编译完成后会在当前目录下生成一个 TestBean.class 文件，将该文件拷贝至当前 JSP 项目的 WebContent/WEB-INF/classes/com/temp/main 下（com/temp/main 包路径，没有需要手动创建）。

下面是一个很简单的例子，它的功能是装载一个 Bean，然后设置/读取它的 message 属性。现在让我们在 main.jsp 文件中调用该 Bean：

```
1  <%@ page language="java" contentType="text/html; charset=UTF-8"
2      pageEncoding="UTF-8"%>
3  <!DOCTYPE html>
4  <html>
5  <head>
6  <meta charset="utf-8">
7  <title>JSP教程</title>
8  </head>
9  <body>
10
11 <h2>Jsp 使用 JavaBean 实例</h2>
12 <jsp:useBean id="test" class="com.temp.main.TestBean" />
13
14 <jsp:setProperty name="test" property="message"  value="JSP教程..." />
15
16 <p>输出信息....</p>
17
18 <jsp:getProperty name="test" property="message" />
19
20 </body>
21 </html>
22
```

10.3.5 <jsp:forward> 动作元素

jsp:forward 动作把请求转到另外的页面。jsp：forward 标记只有一个属性 page。语法格式如下所示：

```
<jsp:forward page="相对 URL 地址" />
```

forward 相关联的属性见表 10-6。

表 10-6   forward 相关联的属性

属性	描述
page	page 属性包含的是一个相对 URL。page 的值既可以直接给出，也可以在请求的时候动态计算，可以是一个 JSP 页面或者一个 Java Servlet

以下实例我们使用了两个文件，分别是 date.jsp 和 main.jsp。

date.jsp 文件代码如下：

```
<%@ page language="java" contentType="text/html; charset=UTF-8"
    pageEncoding="UTF-8"%>
<p>
    今天的日期是: <%= (new java.util.Date()).toLocaleString()%>
</p>
```

main.jsp 文件代码如下：

```
<%@ page language="java" contentType="text/html; charset=UTF-8"
    pageEncoding="UTF-8"%>
<!DOCTYPE html>
<html>
<head>
<meta charset="utf-8">
<title>JSP 教程</title>
</head>
<body>
```

```
<h2>forward 动作实例</h2>
<jsp:forward page="date.jsp" />
</body>
</html>
```

现在将以上两个文件放在服务器的根目录下，访问 main.jsp 文件。显示结果如下：

今天的日期是：2018-6-25 14:37:25

10.3.6　<jsp:plugin>动作元素

jsp:plugin 动作用来根据浏览器的类型，插入通过 Java 插件运行 Java applet 所必需的 OBJECT 或 EMBED 元素。

如果需要的插件不存在，它会下载插件，然后执行 Java 组件。 Java 组件可以是一个 applet 或一个 JavaBean。plugin 动作有多个对应 HTML 元素的属性用于格式化 Java 组件。param 元素可用于向 applet 或 Bean 传递参数。

以下是使用 plugin 动作元素的典型实例：

```
<jsp:plugin type="applet" codebase="dirname" code="MyApplet.class"
                    width="60" height="80">
  <jsp:param name="fontcolor" value="red" />
  <jsp:param name="background" value="black" />
  <jsp:fallback>
     Unable to initialize Java Plugin
  </jsp:fallback>
</jsp:plugin>
```

如果你有兴趣可以尝试使用 applet 来测试 jsp: plugin 动作元素，<fallback>元素是一个新元素，在组件出现故障的错误是发送给用户错误信息。

10.3.7　<jsp:element> <jsp:attribute> <jsp:body>动作元素

<jsp:element> <jsp:attribute> <jsp:body>动作元素动态定义 XML 元素。动态是非常重要的，这就意味着 XML 元素在编译时是动态生成的而非静态。

以下是一个动态定义了 XML 元素的示例：

```
<%@ page language="java" contentType="text/html; charset=UTF-8"
    pageEncoding="UTF-8"%>
<!DOCTYPE html>
<html>
<head>
<meta charset="utf-8">
<title>JSP 教程</title>
</head>
<body>
<jsp:element name="xmlElement">
<jsp:attribute name="xmlElementAttr">
   属性值
</jsp:attribute>
<jsp:body>
   XML 元素的主体
</jsp:body>
```

```
</jsp:element>
</body>
</html>
```

10.3.8　<jsp:text>动作元素

<jsp:text>动作元素允许在 JSP 页面和文档中使用写入文本的模板，语法格式如下：

```
<jsp:text>模板数据</jsp:text>
```

以上文本模板不能包含其他元素，只能包含文本和 EL 表达式（EL 表达式将在后续章节中介绍）。请注意，在 XML 文件中，不能使用表达式如 ${whatever > 0}，因为>符号是非法的。你可以使用 ${whatever gt 0}表达式或者嵌入在一个 CDATA 部分的值。

```
<jsp:text><![CDATA[<br>]]></jsp:text>
```

如果你需要在 XHTML 中声明 DOCTYPE，必须使用到<jsp：text>动作元素，示例如下：

```
<jsp:text><![CDATA[<!DOCTYPE html
PUBLIC "-//W3C//DTD XHTML 1.0 Strict//EN"
"DTD/xhtml1-strict.dtd">]]>
</jsp:text>
<head><title>jsp:text action</title></head>
<body>
<books><book><jsp:text>
    Welcome to JSP Programming
</jsp:text></book></books>
</body>
</html>
```

你可以对以上示例尝试使用<jsp：text>及不使用该动作元素执行结果的区别。

10.4　JSP 内 置 对 象

JSP 中一共预先定义了 9 个这样的对象，分别为：request、response、session、application、out、pagecontext、config、page、exception。

10.4.1　request 对象

request 对象代表了客户端的请求信息，主要用于接受通过 HTTP 协议传送到服务器的数据（包括头信息、系统信息、请求方式以及请求参数等）。request 对象的作用域为一次请求。

当 Request 对象获取客户提交的汉字字符时，会出现乱码问题，必须进行特殊处理。首先，将获取的字符串用 ISO-8859-1 进行编码，并将编码存发到一个字节数组中，然后再将这个数组转化为字符串对象。

Request 常用的方法如下：

getParameter(String strTextName) 获取表单提交的信息。

getProtocol() 获取客户使用的协议。

String strProtocol=request.getProtocol();

getServletPath() 获取客户提交信息的页面。String strServlet=request.getServletPath();

getMethod() 获取客户提交信息的方式。String strMethod=request.getMethod();

getHeader() 获取 HTTP 头文件中的 accept，accept-encoding 和 Host 的值。String strHeader=

request.getHeader();

getRermoteAddr()　获取客户的 IP 地址。String strIP=request.getRemoteAddr();

getRemoteHost()　获取客户机的名称。String clientName=request.getRemoteHost();

getServerName()　获取服务器名称。String serverName=request.getServerName();

getServerPort()　获取服务器的端口号。int serverPort=request.getServerPort();

getParameterNames()　获取客户端提交的所有参数的名字。

```
Enumeration enum = request.getParameterNames();
while(enum.hasMoreElements())
{
    Strings(String)enum.nextElement();
    out.println(s);
}
```

10.4.2　response 对象

response 代表的是对客户端的响应，主要是将 JSP 容器处理过的对象传回到客户端。response 对象也具有作用域，它只在 JSP 页面内有效。具有动态响应 contentType 属性，当一个用户访问一个 JSP 页面时，如果该页面用 page 指令设置页面的 contentType 属性是 text/html，那么 JSP 引擎将按照这个属性值做出反应。

如果要动态改变这换个属性值来响应客户，就需要使用 Response 对象的 setContentType（String s）方法来改变 contentType 的属性值。

response.setContentType（String s）中参数 s 可取 text/html，application/x-msexcel，application/msword 等。

在某些情况下，当响应客户时，需要将客户重新引导至另一个页面，可以使用 Response 的 sendRedirect（URL）方法实现客户的重定向。

例如：response.sendRedirect（index.jsp）。

10.4.3　session 对象

session 对象是一个 JSP 内置对象，它在第一个 JSP 页面被装载时自动创建，完成会话期管理。从一个客户打开浏览器并连接到服务器开始，到客户关闭浏览器离开这个服务器结束，被称为一个会话。当一个客户访问一个服务器时，可能会在这个服务器的几个页面之间切换，服务器应当通过某种办法知道这是一个客户，就需要 session 对象。

当一个客户首次访问服务器上的一个 JSP 页面时，JSP 引擎产生一个 session 对象，同时分配一个 String 类型的 ID 号，JSP 引擎同时将这换个 ID 号发送到客户端，存放在 Cookie 中，这样 session 对象，直到客户关闭浏览器后，服务器端该客户的 session 对象才取消，并且和客户的会话对应关系消失。当客户重新打开浏览器再连接到该服务器时，服务器为该客户再创建一个新的 session 对象。

session 对象是由服务器自动创建的与用户请求相关的对象。服务器为每个用户都生成一个 session 对象，用于保存该用户的信息，跟踪用户的操作状态。

session 对象内部使用 Map 类来保存数据，因此保存数据的格式为"Key/value"。session 对象的 value 可以使复杂的对象类型，而不仅仅局限于字符串类型。

public String getId（）：获取 Session 对象编号。

public void setAttribute（String key，Object obj）：将参数 Object 指定的对象 obj 添加到 session 对象中，并为添加的对象指定一个索引关键字。

public Object getAttribute（String key）：获取 session 对象中含有关键字的对象。

public Boolean isNew（）：判断是否是一个新的客户。

10.4.4 application 对象

application 对象可将信息保存在服务器中，直到服务器关闭，否则 application 对象中保存的信息会在整个应用中都有效。与 session 对象相比，application 对象生命周期更长，类似于系统的"全局变量"。

服务器启动后就产生了这个 Application 对象，当客户在所访问的网站的各个页面之间浏览时，这个 Application 对象都是同一个，直到服务器关闭。但是与 session 对象不同的时，所有客户的 Application 对象都时同一个，即所有客户共享这个内置的 Application 对象。

setAttribute（String key，Object obj）：将参数 Object 指定的对象 obj 添加到 Application 对象中，并为添加的对象指定一个索引关键字。

getAttribute（String key）：获取 Application 对象中含有关键字的对象。

10.4.5 out 对象

out 对象用于在 Web 浏览器内输出信息，并且管理应用服务器上的输出缓冲区。在使用 out 对象输出数据时，可以对数据缓冲区进行操作，及时清除缓冲区中的残余数据，为其他的输出让出缓冲空间。待数据输出完毕后，要及时关闭输出流。

out 对象时一个输出流，用来向客户端输出数据。out 对象用于各种数据的输出。其常用方法如下。

```
out.print():输出各种类型数据。
out.newLine():输出一个换行符。
out.close():关闭流。
```

10.4.6 pageContext 对象

pageContext 对象的作用是取得任何范围的参数，通过它可以获取 JSP 页面的 out、request、reponse、session、application 等对象。

pageContext 对象的创建和初始化都是由容器来完成的，在 JSP 页面中可以直接使用 pageContext 对象。

page 对象代表 JSP 本身，只有在 JSP 页面内才是合法的。page 隐含对象本质上包含当前 Servlet 接口引用的变量，类似 Java 编程中的 this 指针。

10.4.7 config 对象

config 对象的主要作用是取得服务器的配置信息。通过 pageConext 对象的 getServletConfig（）方法可以获取一个 config 对象。当一个 Servlet 初始化时，容器把某些信息通过 config 对象传递给这个 Servlet。开发者可以在 web.xml 文件中为应用程序环境中的 Servlet 程序和 JSP 页面提供初始化参数。

10.4.8 Cookie 对象

Cookie 是 Web 服务器保存在用户硬盘上的一段文本。Cookie 允许一个 Web 站点在用户电脑上保存信息并且随后再取回它。举例来说，一个 Web 站点可能会为每一个访问者产生一个唯一的

ID，然后以 Cookie 文件的形式保存在每个用户的机器上。

创建一个 Cookie 对象　调用 Cookie 对象的构造函数就可以创建 Cookie 对象。Cookie 对象的构造函数有两个字符串参数：Cookie 名字和 Cookie 值。

例如：Cookie c = new Cookie（username"，john"）；将 Cookie 对象传送到客户端。

JSP 中，如果要将封装好的 Cookie 对象传送到客户端，可使用 Response 对象的 addCookie（）方法。

例如：response.addCookie（c），读取保存到客户端的 Cookie。

使用 Request 对象的 getCookie（）方法，执行时将所有客户端传来的 Cookie 对象以数组的形式排列，如果要取出符合需要的 Cookie 对象，就需要循环比较数组内每个对象的关键字。设置 Cookie 对象的有效时间，用 Cookie 对象的 setMaxAge（）方法便可以设置 Cookie 对象的有效时间，例如：Cookie c = newCookie（username"，"john"）；c.setMaxAge（3600）。

Cookie 对象的典型应用时用来统计网站的访问人数。由于代理服务器、缓存等的使用，唯一能帮助网站精确统计来访人数的方法就是为每个访问者建立一个唯一 ID。使用 Cookie，网站可以完成以下工作：

测定多少人访问过。测定访问者有多少是新用户（即第一次来访），多少是老用户。

测定一个用户多久访问一次网站。当一个用户第一次访问时，网站在数据库中建立一个新的 ID，并把 ID 通过 Cookie 传送给用户。用户再次来访时，网站把该用户 ID 对应的计数器加 1，得到用户的来访次数。

10.4.9　exception

exception 对象的作用是显示异常信息，只有在包含 isErrorPage="true" 的页面中才可以被使用，在一般的 JSP 页面中使用该对象将无法编译 JSP 文件。

excepation 对象和 Java 的所有对象一样，都具有系统提供的继承结构。

exception 对象几乎定义了所有异常情况。在 Java 程序中，可以使用 try/catch 关键字来处理异常情况；如果在 JSP 页面中出现没有捕获到的异常，就会生成 exception 对象，并把 exception 对象传送到在 page 指令中设定的错误页面中，然后在错误页面中处理相应的 exception 对象。

10.5　在 JSP 中使用数据库

10.5.1　JDBC 简介

JDBC（Java Database Connectivity）是一种可以执行 SQL 的 Java API，通过它可以用一种 API 操作不同的数据库。

不同数据库间，标准的 SQL 语句可以移植，而数据库实际通信协议及某些数据库特征不可移植，因此，JDBC 和数据库之间须还有一层，用于将 JDBC 调用映射成特定的数据库调用，此特殊层就是 JDBC 驱动程序。

常见的 JDBC 驱动有 JDBC-ODBC 桥、直接将 JDBC API 映射成数据库特定的客户端 API、支持三层结构的 JDBC 访问方式、纯 Java 的，直接与数据库实例交互等。

10.5.2　连接数据库

用 Java 语言编写的数据库驱动程序称作 Java 数据库驱动程序，JDBC 可以调用本地的 Java

数据库驱动程序和相应的数据库建立连接。如图 10-18 所示。

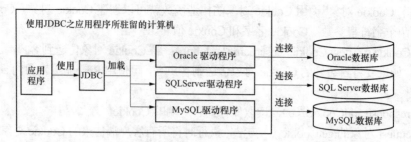

图 10-18　使用 Java 数据库驱动程序

Java 通过 JDBC 连接数据库，如图 10-19 所示。

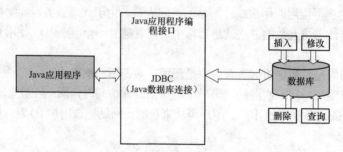

图 10-19　Java 通过 JDBC 连接数据库

导入 java.sql.* 包。

```
import java.sql.SQLException;
import java.sql.Connection;
import java.sql.DriverManager;
import java.sql.Statement;
import java.sql.ResultSet;
```

使用 Java 数据库驱动程序，如图 10-20 所示。

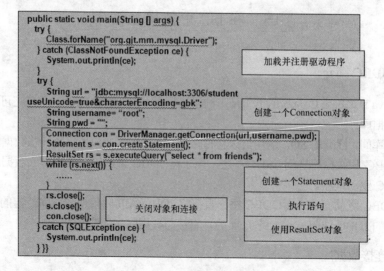

图 10-20　Java 数据库驱动程序

JDBC 开发步骤如下（见图 10-21）：

（1）加载 JDBC 类库。

（2）调用 JDBC 接口，访问数据库。

（3）Class.forName（）。

（4）DriverManager.getConnection（）。

（5）conn.createStatement（）。

（6）stmt.executeQuery（）。

（7）遍历 ResultSet。

（8）关闭 ResultSet、Statement、Connection。

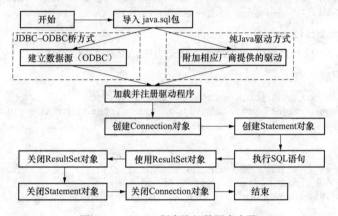

图 10-21　JDBC 程序访问数据库步骤

10.5.3　JDBC 接口

JDBC 主要的接口如下（见图 10-22）。

（1）Class.forName（）声明驱动程序类型。

（2）Java.sql.DriverManager 用来装载驱动程序，并且为创建新的数据库联接提供支持。

（3）Java.sql.Connection 完成对某一指定数据库的联接。

（4）Java.sql.Statement 在一个给定的连接中作为 SQL 执行声明的容器，包含了两个重要的子类型。

1）Java.sql.PreparedSatement 用于执行预编译的 SQL 声明。

2）Java.sql.CallableStatement 用于执行数据库中存储过程的调用。

（5）Java.sql.ResultSet 对于给定声明取得结果的途径。

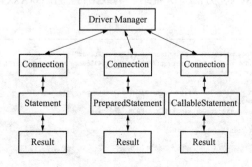

图 10-22　JBDC 主要接口

常见数据库连接如下：

（1）Microsoft SQLServer（microsoft）。

```
Class.forName( "com.microsoft.jdbc.sqlserver.SQLServerDriver" );
cn = DriverManager.getConnection( "jdbc:microsoft:sqlserver://DBServerIP:1433;
databaseName=master", userName, password );
```

（2）MySQL。

```
Class.forName("com.mysql.jdbc.Driver")
```
或
```
Class.forName( "org.gjt.mm.mysql.Driver" );
cn = DriverManager.getConnection( "jdbc:mysql://DBServerIP:3306/myDatabaseName",
userName, password );
```

（3）Oracle（classes12.jar）。

安装 Oracle 后，找到目录 Oracle/ora81/jdbc 中的 classes.jar（classes12.jar），即用 Java 编写 Oracle 数据库驱动程序。

```
Class.forName("oracle.jdbc.driver.OracleDriver");
cn = DriverManager.getConnection("jdbc:oracle:thin:@MyDbComputerNameOrIP:1521:
ORCL", userName, password );
```

（4）DB2。

```
Class.forName("Com.ibm.db2.jdbc.net.DB2Driver");
String url="jdbc:db2://dburl:port/DBname"
cn = DriverManager.getConnection(url, userName, password);
```

（5）Sybase（jconn2.jar）。

```
Class.forName( "com.sybase.jdbc2.jdbc.SybDriver" );
cn = DriverManager.getConnection( "jdbc:sybase:Tds:DBServerIP:2638", userName,
pas
```

如果没有 JDBC 驱动程序，可用使用 Sun 的 JDBC-ODBC 桥接驱动程序，其语句为：

```
Class.forName( "sun.jdbc.odbc.JdbcOdbcDriver" );
Connection cn = DriverManager.getConnection( "jdbc:odbc:" + sDsn, userName,
password );
```

10.5.4　一个数据库查询的例子

创建 SQL 语句对象：Statement 对象，处理查询结果。

SQL 对象可以调用相应的方法实现对数据库中表的查询和修改，并将查询结果存放在一个 ResultSet 类声明的对象中。

ResultSet 对象使用 next（）方法一次看到一个数据行，用 getXxx （索引或字段名）方法获取字段值。如图 10-23 所示。

```
1  try{
2      Class.forName("com.microsoft.jdbc.sqlserver.SQLServerDriver");
3      String url = "jdbc:microsoft:sqlserver://DBServerIP:1433;databaseName=master", userName, password";
4      String username= "sa";
5      String pwd = "";
6      Connection conn = DriverManager.getConnection(url,username,pwd);
7      Statement  stmt=conn.createStatement();
8      ResultSet  rs=stmt.executeQuery("SELECT * FROM  表名");
9  }catch(Exception e ){
10         System.out.println(e);
11  }
12
```

图 10-23　处理查询结果

ResultSet 对象常用方法见表 10-7。

表 10-7   **ResultSet 对象常用方法**

方　法	使　用　说　明
beforeFirst（）	移动到结果集的开始位置（第一条记录前）
first（）	移动到第一条记录
previous（）	上移一条记录
next（）	下移一条记录
last（）	移动到最后一条记录
afterLast（）	移动到结果集的结束位置（最后一条记录后）
absolute（introw）	移动到 row 指定的记录，绝对定位
relative（introw）	从当前记录开始，上移或下移 row 条记录
isBeforeFirst（）	判断是否是结果集的开始位置
isFirst（）	判断是否是结果集的第一条记录
isLast（）	判断是否是结果集的最后一条记录
IsAfterLast（）	判断是否是结果集的结束位置

取不同字段类型数据的方法如下：

getByte("columnName")：取得当前行中列名为 columnName 的字节类型值。

getShort("columnName")：取得当前行中列名为 columnName 的短整类型值。

getInt("columnName")：取得当前行中列名为 columnName 的整型类型值。

getLong("columnName")：取得当前行中列名为 columnName 的长整类型值。

getFloat("columnName")：取得当前行中列名为 columnName 的单精实数类型值。

getDouble("columnName")：取得当前行中列名为 columnName 的双精类型值。

getBoolean("columnName")：取得当前行中列名为 columnName 的布尔类型值。

getString("columnName")：取得当前行中列名为 columnName 的字符串类型值。

getDate("columnName")：取得当前行中列名为 columnName 的日期类型值。

getTime("columnName")：取得当前行中列名为 columnName 的时间类型值。

第 11 章

简单项目开发

本章导读

▶ 了解数据库项目开发步骤。
▶ 了解 JSP 开发框架。

11.1 需 求 分 析

希望能够对全校所有学生的信息进行集中管理，然后，对各个部门分配不同的权限，让他们去管理他们所需的信息，而没有管理权限的部门只能查询信息，比如学生群体。基于此，设计了此管理信息系统，详见如图 11-1 所示的业务流程图、图 11-2 所示的数据流程图、表 11-1 所示的数据字典、图 11-3 所示的系统层次结构图。

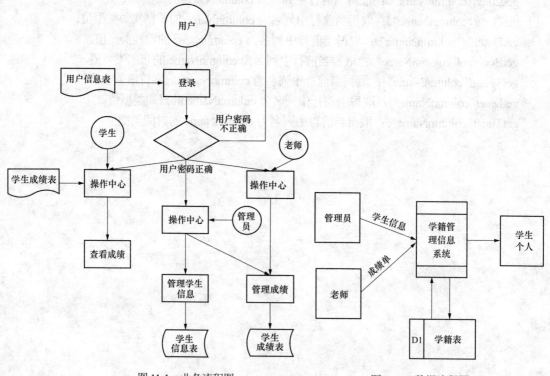

图 11-1　业务流程图   图 11-2　数据流程图

表 11-1 数 据 字 典

字段名	数据类型	含义说明	空值情况
XH	CHAR（6）	学生学号	不能为空
XM	CHAR（8）	学生姓名	可为空
PASSWORD	VARCHAR（16）	密码	不能为空
XB	CHAR（2）	学生性别	可为空
CSSJ	DATE	出生时间	可为空
ZY	CHAR（12）	专业	可为空
ZXF	INT（2）	总学分	可为空
BZ	VARCHAR（200）	备注	可为空
KCH	CHAR（3）	课程号	不能为空
KCM	CHAR（16）	课程名	可为空
XS	INT（2）	学生人数	可为空
XF	INT（1）	课程学分	可为空
CJ	INT（2）	成绩	可为空
ID	VARCHAR（16）	用户名	不能为空

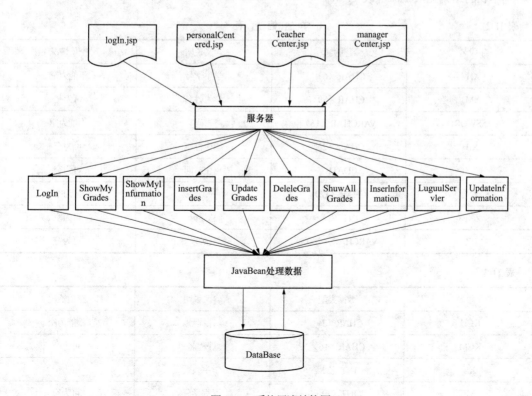

图 11-3 系统层次结构图

11.2　数 据 库 设 计

根据需求分析完成概念设计，如图 11-4 所示。

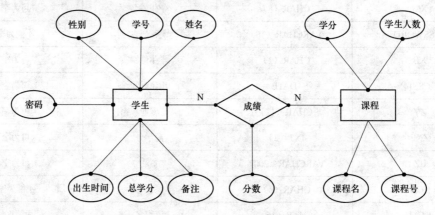

图 11-4　E-R 模型图

把 ER 图转化为关系模式：

学生（学号，姓名，性别，密码，出生时间，总学分，备注）

成绩（学号，课程号，课程名）

课程（课程号，课程名，学分，学生人数）

基本表的结构见表 11-2~表 11-4。

表 11-2 学 生 信 息 表

字段名	数据类型	含义说明	空值情况
XH	CHAR（6）	学生学号	不能为空
XM	CHAR（8）	学生姓名	可为空
PASSWORD	VARCHAR（16）	密码	不能为空
XB	CHAR（2）	学生性别	可为空
CSSJ	DATE	出生时间	可为空
ZY	CHAR（12）	专业	可为空
ZXF	INT（2）	总学分	可为空
BZ	VARCHAR（200）	备注	可为空

表 11-3 课 程 表

字段名	数据类型	含义说明	空值情况
KCH	CHAR（3）	课程号	不能为空
KCM	CHAR（16）	课程名	可为空
XS	INT（2）	学生人数	可为空
XF	INT（1）	课程学分	可为空

表11-4　　　　　　　　　　　　　　　成　绩　表

字段名	数据类型	含义说明	空值情况
XH	CHAR（6）	学生学号	不能为空
KCH	CHAR（3）	课程号	不能为空
CJ	INT（2）	成绩	可为空

表之间的关系，可以通过添加外键约束，代码如下：

```
ALTER TABLE CJB
    ADD CONSTRAINT FK_KC FOREIGN KEY(KCH)
        REFERENCES KCB(KCH)
    ON DELETE CASCADE;
```

11.3　页　面　设　计

使用网页的基本架构是超文本标记语言 HTML，利用层叠样式表 CSS 对页面的布局加以更多的控制，用 JavaScript 脚本语言开发 Internet 客户端应用程序，实现了一种实时、动态、交互的页面功能，使静态的 HTML 页面逐渐成为可以响应的动态页面。通过 JSP 动态网页编程技术来访问服务端的资源，并封装在动态网页，呈现给用户。基于以上的知识设计了此系统的几个简单的页面。

个人信息登记，如图 11-5 所示。

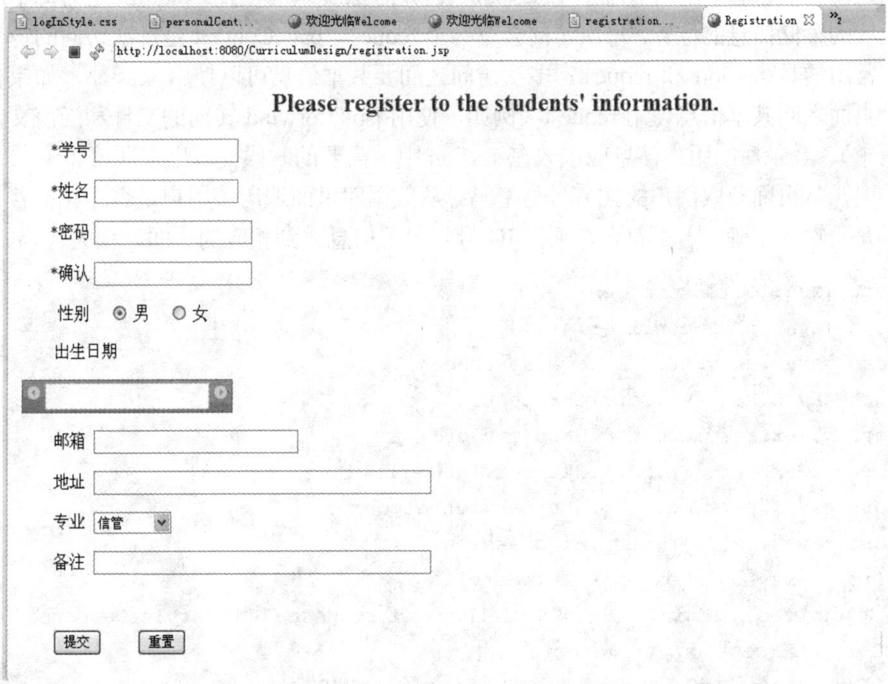

图 11-5　学生信息登记

管理（增删改查）成绩，如图 11-6 所示。

学生学号	姓名	性别	专业	总学分	课程号	课程名	学分	成绩	备注	操作		
101101	王林	男	计算机	50	101	计算机基础	3	89		插入	修改	删除
101101	王林	男	计算机	50	206	离散数学	4	74		插入	修改	删除
101102	程明	男	计算机	50	102	程序设计与	3	78		插入	修改	删除
101102	程明	男	计算机	50	206	离散数学	4	78		插入	修改	删除
101103	王燕	女	计算机	50	103	计算机基础	3	62		插入	修改	删除
101103	王燕	女	计算机	50	206	离散数学	4	81		插入	修改	删除
101104	韦严平	男	计算机	50	101	计算机基础	3	90		插入	修改	删除
101104	韦严平	男	计算机	50	102	程序设计与	3	84		插入	修改	删除
101104	韦严平	男	计算机	50	206	离散数学	4	65		插入	修改	删除
101106	李方方	男	计算机	50	103	计算机基础	3	65		插入	修改	删除
101106	李方方	男	计算机	50	206	程序设计与	3	71		插入	修改	删除
101106	李方方	男	计算机	50	206	离散数学	4	80		插入	修改	删除
101107	李明	男	计算机	54	101	计算机基础	3		提前修完	插入	修改	删除
101107	李明	男	计算机	54	102	程序设计与	3	80	提前修完	插入	修改	删除
101107	李明	男	计算机	54	206	离散数学	4	68	提前修完	插入	修改	删除

图 11-6　学生信息登记

11.4 Java 后 台 实 现

使用 session 保存登录后的信息，在网站中设置了 application session request pageContext 对象保存内存中的信息。application 是网站所有用户共享的存储变量的位置。session 是网站为每个访问网站的人创建的，每个用户对应一个 session，也是存放变量的位置。request 是为每个用户的每次请求设置的存储信息的位置，每次访问会有一个 request。pageContext 是每次访问的每个页面对应一个。常用的是 session 和 request。多次访问之间要共享信息可以使用 session，如果在某次访问的多个页面之间共享信息使用 request（例如，使用 jsp: forwrad 转向的文件和当前文件就属于同一次请求）。登录后的用户信息应该放在 session 中，需要的时候提取出来即可。

登录时，从页面获取用户的 ID 号与密码；从数据库里面遍历该用户是否存在；若存在，再判定密码是否输入正确；若都符合，通过 ID 号与角色信息跳到相应的页面。相关代码如下：

```java
import java.io.IOException;
import java.io.PrintWriter;
import javax.servlet.RequestDispatcher;
import javax.servlet.ServletException;
import javax.servlet.http.HttpServlet;
import javax.servlet.http.HttpServletRequest;
import javax.servlet.http.HttpServletResponse;
import javax.servlet.http.HttpSession;
public class LogIn extends HttpServlet {
    protected void doGet(HttpServletRequest request, HttpServletResponse response)
throws ServletException, IOException {
    String userId = request.getParameter("id");
    String userpass = request.getParameter("password");
    String role = request.getParameter("role");
    System.out.println(" " + userId + " " + userpass + " " + role);
```

```
    JavaBean javabean = new JavaBean();
    javabean.setStudentId(userId);
    javabean.setPassword(userpass);
    boolean b = false;
    try {
        b = javabean.login();
    } catch (Exception e) {
        response.setContentType("text/html;charset=gb2312");
        PrintWriter out = response.getWriter();
        out.println(e.toString());
        return;
    }
    if (b) {
        RequestDispatcher rd = null;
        HttpSession session = request.getSession();
        session.setAttribute("userID", userId);
        if (role.equals("student"))
            rd = request.getRequestDispatcher("personalCentered.jsp");
        else if (role.equals("teacher"))
            rd = request.getRequestDispatcher("TeacherCenter.jsp");
        else if (role.equals("administrator"))
            rd = request.getRequestDispatcher("managerCenter.jsp");
        rd.forward(request, response);
    } else {
        request.setAttribute("errmessage", "用户名或者密码错误");
        RequestDispatcher rd = request.getRequestDispatcher("logIn.jsp");
        rd.forward(request, response);
    }
}
protected void doPost(HttpServletRequest request,
    HttpServletResponse response) throws ServletException, IOException {
    doGet(request, response);
    }
}
```

　　插入学生信息，修改个人信息，查看个人成绩，查看全班人成绩，插入成绩，修改成绩，删除成绩，退出登录，限于篇幅，就不再逐一介绍了。

11.5　JavaBean 数据处理

　　JavaBean 是使用 Java 语言编写的组件。组件是组成一个大的系统的一部分，并且组件能够完成特定的功能，并实现共享，可以认为 JavaBean 是 Java 类。例如，连接数据库的功能可以封装单独的 Java 类，常用处理方法可以封装成 JavaBean。现在主要在 Servlet 中访问 JavaBean。由于代码繁多，就不在这里展示了，具体功能的实现请参考项目目录下面的 JavaBean 类，相关的成员名及成员方法如图 11.7 所示。

图 11-7　JavaBean 类的树形结构图

11.6　服务器配置

Tomcat 作为服务器，其中 webapps 主要是各个应用，编写的每个应用（网站）都可以放在这个位置，bin 这个是启动服务器的相关文件，tomcat6 用于命令行方式的启动，tomcat6w 用于 windows 方式的启动，conf 用于配置，常用的是 server.xml，另外一个是 web.xml，work 存放临时文件，logs 系统运行时候的日志信息。把服务加载到 webapps 中，如图 11-8 所示。

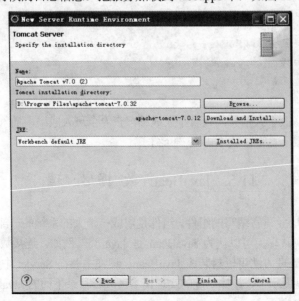

图 11-8　服务器加载

本系统由于采用统一的 UTF-8 编码，为避免乱码的出现，对 server.xml 进行如下修改：

```
<Connector connectionTimeout="20000" port="8080" URIEncoding="UTF-8" protocol=
"HTTP/1.1" redirectPort="8443"/>
    <Connector port="8009" URIEncoding="UTF-8" protocol="AJP/1.3" redirectPort=
"8443"/>
```

把前面编写 Servlet 配置到 WEB-INF 下的 web.xml，配置包括两个方面：

（1） Servlet 的声明。

```
<servlet>
<servlet-name>LogIn</servlet-name>
<servlet-class>LogIn</servlet-class>
</servlet>
```

其中，<servlet-name>表示这个 servlet 的名字，可以随便起。<servlet-class>是对应的 Servlet 类，应该包含包的信息。

（2） Servlet 访问方式的声明。

```
<servlet-mapping>
<servlet-name>LogIn</servlet-name>
<url-pattern>/LogIn</url-pattern>
</servlet-mapping>
```

其中，<servlet-name>和 Servlet 声明中的用法相同，并且应该与 Servlet 声明中的名字保持一致。<url-pattern>表示访问方式，决定了在客户端如何访问这个 Servlet。

11.7 系 统 测 试

配置完成后，先启动服务器，打开浏览器访问 http: //localhost: 8080/CurriculumDesign/logIn.jsp，其中 http 表示协议，localhost 表示主机名字，也可以写主机 IP 地址 127.0.0.1，8080 表示服务的端口，上网的时候不用输入端口，因为采用了默认的端口 8080。CurriculumDesign 表示应用的名字，logIn.jsp 则是资源。

参 考 文 献

[1] 陈晓勇．MySQL DBA 修炼之道 [M]．北京：机械工业出版社，2017．

[2] 朱翠苗．Oracle 数据库技术与应用 [M]．北京：北京理工大学出版社，2017．

[3] 杨爱民，干涛伟，干丽霞，数据库技术及应用 [M]．北京：清华大学出版社，2011．

[4] 方巍．Oracle 数据库应用简明教程 [M]．北京：清华大学出版社，2014．

[5] 刘亚军，高莉莎．数据库原理及应用 [M]．北京：清华大学出版社，2015．

[6] 程云志，张勇，赵艳忠．数据库原理与 SQL Server 2012 应用教程（第 2 版）[M]．北京：机械工业出版社，
2015．

[7] 朱亚兴．Oracle 数据库系统应用开发实用教程 [M]．北京：高等教育出版社，2015．

[8] 高巍巍，穆丽新，俞国红，侯相茹．数据库基础与应用（SQL Server 2008）[M]．北京：清华大学出版社，
2011．

[9] 唐会伏．Access 2013 数据库应用 [M]．北京：电子工业出版社，2016．

[10] 尹志宇，郭晴．数据库原理与应用教程（第 2 版）[M]．清华大学出版社，2017．

[11] 黑马程序员．PHP 基础案例教程 [M]．北京：人民邮电出版社，2018．

[12] 洪兰．ASP．NET 与 SQL 数据库的连接与查询方法探索与实现 [J]．信息系统工程，2018．10：27-28．

[13] 李庆云．高校图书馆管理系统的分析与设计 [J]．科技资讯，2017，15（9）．

[14] 崔善光．基于 B/S 模式的人事档案管理系统的分析与设计 [J]．中国科技纵横，2011，（9）．

[15] 惠民．高校图书管理系统的设计与实现 [D]．天津大学，2017．

[16] 崔文．高校招生信息管理系统的分析与设计 [D]．山东大学，2012．

[17] 王平凡．办公自动化软件系统的设计与实现 [D]．南昌航空大学，2017．